本书为国家社会科学基金2017年度一般项目“雾霾天气持续下城市居民的社会心态及其引导研究”（17BSH026）最终成果；本书受教育部高校思想政治工作队伍培训研修中心（西南交通大学）资助。

雾霾与城市居民社会心态关系研究

方纲　著

中国社会科学出版社

图书在版编目（CIP）数据

雾霾与城市居民社会心态关系研究/方纲著．—北京：中国社会科学出版社，2024.3

ISBN 978－7－5227－3079－0

Ⅰ．①雾…　Ⅱ．①方…　Ⅲ．①空气污染—关系—市民—社会心理—研究　Ⅳ．①X51②C912.6

中国国家版本馆 CIP 数据核字（2024）第 037578 号

出 版 人　赵剑英
责任编辑　杨晓芳
责任校对　冯英爽
责任印制　王　超

出　　版　中国社会科学出版社
社　　址　北京鼓楼西大街甲 158 号
邮　　编　100720
网　　址　http://www.csspw.cn
发 行 部　010－84083685
门 市 部　010－84029450
经　　销　新华书店及其他书店

印　　刷　北京明恒达印务有限公司
装　　订　廊坊市广阳区广增装订厂
版　　次　2024 年 3 月第 1 版
印　　次　2024 年 3 月第 1 次印刷

开　　本　710×1000　1/16
印　　张　15.25
插　　页　2
字　　数　202 千字
定　　价　75.00 元

凡购买中国社会科学出版社图书，如有质量问题请与本社营销中心联系调换
电话：010－84083683

目　　录

第一章　绪论

第一节　问题的缘起

一　雾霾污染成为公众关注的焦点

雾霾[①]是工业化和城市化的产物。20 世纪初，伴随工业化过程中的能源大量消耗以及城市化过程中的人口快速集聚，人类对大气的污染排放量急剧增长，雾霾开始进入人们的视野。西方国家在快速工业化和城市化进程中出现过严重的大气污染事件，比如 1930 年比利时马斯河谷烟雾事件、1943 年美国洛杉矶光化学烟雾事件、1948 年美国宾州多诺拉镇烟雾事件、1952 年英国伦敦烟雾事件、1961 年日本四日市哮喘事件，等等，都是历史上著名的大气污染事件。包括但不限于这些事件在内的空气污染给各国经济社会发展以及人类身心健康带来深重灾难。

① 公众约定俗成地将“雾霾”一词笼统地指代“雾”和“霾”天气。事实上，雾（Fog）和霾（Haze）在形成机制及其本质上均有很大的区别。前者是由大量悬浮在近地面空气中的微小水滴或冰晶组成，是近地面层空气中水汽凝结（或凝华）的产物，常呈乳白色或青白色，水平能见度一般小于 1 千米，一般对人体健康不会造成直接危害；后者是由大量的细颗粒物均匀地飘浮在空气中，使水平能见度小于 10 千米的大气浑浊视程现象，常呈黄色或橙灰色，霾中所包含的化学物质和细颗粒物会对人体健康造成直接危害。此外，二者在出现的垂直高度、出现时的相对湿度、出现的时间、消散难易程度等方面也大不相同。

进入21世纪以来，中国经济持续快速发展，经济规模不断扩大，2010年中国GDP总量首次超过日本，位列世界第二；而到了2020年，中国GDP总量已经接近美国GDP总量的70%。中国连续多年成为世界经济增长的主要引擎，以致美国要求剥夺中国的发展中国家地位。但无论如何，中国工业化和城市化进程已经迈入了一个崭新的阶段，是任何不带偏见的人都无法否定的事实。伴随工业化和城市化而来的是严峻的环境污染问题，尤其是大气环境污染。2013年年底，一场前所未有的大范围雾霾笼罩中国，全国绝大多数省份，100多个大中城市出现程度不等的雾霾极端天气，覆盖了中国将近一半的国土。

《中国气候公报》显示①：2014—2018年，我国出现大范围、持续性霾过程分别为13次、11次、8次、5次、5次，见表1－1。持续的、大范围的雾霾天气造成的可见影响包括机场大量航班延误和取消，高速公路关闭，呼吸道疾病患者骤然增多；雾霾对宏观国民经济以及微观个体心理都造成了直接或间接的影响。时任生态环境保护部部长陈吉宁在2017年全国环境保护工作会议上坦言，“我国生态系统总体稳定，环境质量在全国范围和平均水平上总体向好，但同时某些特征污染物和部分时段部分地区局部恶化，环境保护形势依然严峻”。

表1－1　中国大范围、持续性雾霾天气（2014—2018年）

年份	次数	重雾霾发生时间	发生范围	PM2.5极端值
2014	13	02.20—02.26	中东部11省市、京津冀地区	255.5
		10.07—10.10	京津冀地区、黄淮西部、陕西中部	269.5
		10.22—10.26	华北、东北及黄淮、江淮、四川盆地、陕西中部	—
		11.22—11.27	东北南部、华北、黄淮、江淮	374.9

① 中国气象局：《中国气候公报》（2014—2018年）。

续表

年份	次数	重雾霾发生时间	发生范围	PM2.5 极端值
2015	11	11.06—11.08	东北地区	1000 +
		11.27—12.01	华北大部及河南北部、山东西北部	976
		11.29—12.01	华北中南部、黄淮、江淮东部	—
		12.19—12.25	华北中南部、黄淮大部、江淮东部、陕西关中	1000 +
2016	8	01.01—01.03	北京、天津、河北中南部、山东、河南、山西东部和南部、陕西关中	500 +
		11.03—11.06	东北、华北、黄淮及陕西、江苏南部	1000 +
		12.16—12.21	华北、黄淮及陕西关中、苏皖北部、辽宁中西部	1100 +
2017	5	12.30—01.07（跨年）	华北中南部、黄淮、江淮大部及辽宁中部、陕西关中	500 +
2018	5	11.24—11.26	京津冀及其周边地区	476
		11.30—12.03	京津冀及其周边、汾渭平原及长三角	—

数据来源：据中国气象局发布历年《中国气候公报》整理。“—”未查见数据。

一段时间里，“雾霾污染”“大气污染”“空气质量”“PM2.5 与 PM10”① “环境治理”“环境权”等成为公众关注的热词和焦点。综合考虑形成原因、影响范围、问题性质以及社会后果等要素，当一种社会失调现象的出现影响了多数社会成员的利益并引发社会普遍关注，

① PM2.5 与 PM10，“PM”即英文“Particulate Matter”（颗粒物）的简写，PM 后边的 2.5 和 10，是用来表示颗粒物空气动力学直径大小，单位为微米。PM2.5 是指环境中空气动力学直径小于等于 2.5 微米的颗粒物，也称“细颗粒物”；PM10 指空气动力学直径在 10 微米以下的颗粒物，也称“可吸入颗粒物”。PM2.5 包含于 PM10，一般占后者 70% 左右。同一来源的 PM2.5 比 PM10 对人体健康的影响更大。

且只有运用集体行动才能予以纠正时，这一失调现象即为社会问题。在这个意义上，雾霾天气的持续化以及公众对雾霾的密切关注显然不仅是自然现象，也是社会现象；不仅是气候问题和环境问题，也是当下中国亟待解决的社会问题。

二　社会心态是观察社会运行的窗口

社会心态一般是指弥散在整个社会或社会群体中的社会情绪基调和感受，这一情绪基调和感受深层次上影响着社会共识、价值取向和行为选择。在社会急剧转型时期，作为社会现实在国民社会心理上的反映，社会心态被誉为透视和观察社会运行状况的“晴雨表”“风向标”或“警示器”。考虑事关国家稳定与社会和谐，社会心态问题不仅是中国学术界广泛重视的研究话题，培育什么样的国民社会心态以及如何培育国民社会心态也是近年来党和政府高度重视的一个重大社会问题。

回溯到2006年10月，党的十六届六中全会审议通过的《中共中央关于构建社会主义和谐社会若干重大问题的决定》中即提出，“加强心理健康教育和保健，健全心理咨询网络，塑造自尊自信、理性平和、积极向上的社会心态”。在2011年3月发布的《中华人民共和国国民经济和社会发展第十二个五年规划纲要》中，也出现“弘扬科学精神，加强人文关怀，注重心理疏导，培育奋发进取、理性平和、开放包容的社会心态”这样的表述。“社会心态”一词首次写入五年规划纲要，引发当年“两会”代表和委员的关注与热议。2012年11月，党的十八大报告强调指出，“加强和改进思想政治工作，注重人文关怀和心理疏导，培育自尊自信、理性平和、积极向上的社会心态”。2017年10月，党的十九大报告也强调指出，“加强社会心理服务体系建设，培育自尊自信、理性平和、积极向上的社会心态”。

当前我国发展正处在大有可为的战略机遇期与风险叠加的矛盾凸显期，社会中的相对弱势人群在由于自身权利得不到“尊重”或受到“侵犯”时产生普遍的剥夺感和不安全感，“全民弱势心理”某种意义上成为这一时期国民社会心态的普遍特征，并构成近年来一些地方频繁发生群体性事件的社会心理基础。[①]

基于以上，我们的问题是，持续雾霾天气对公众尤其是城市居民的社会心态产生怎样的影响，如何对这一心态进行引导。

第二节 研究的意义

本书的学术价值首先在于，通过雾霾天气下个体心理演化成群体心理过程的探讨，再次验证社会心态“非理性”“宏观性”“变动性”尤其是“突生性”的特征，突生性特征即社会心态确实源自个人事实或个体心理，但它并不是个人意识或个人心理的简单相加，而是一经形成就有自身的特点和功能。本书的学术价值还在于，通过特定社会事实下社会心态形成机制的分析，有助于深化集体表征、个体认同、群体沟通、社会比较、预言实现等在社会心态形成过程中所扮演角色的理论认识。

本书的应用价值在于，健全良好的社会心态无论在何时对一个国家和一个民族都具有重要意义，深入把握雾霾天气持续下城市居民社会心态的现状特点以及影响效应，深切分析不同城市、不同群体在雾霾天气持续下社会心态的差异以及发生原因，深刻探讨引导公众树立理性平和、积极向上社会心态的有效途径，在全面建设社会主义现代化国家并向第二个百年奋斗目标进军的新发展阶段，无论对于政府创

---

① 方纲、李鑫诚：《“社会”公交车中的“弱势心理”及对现代公民的启示》，《中国青年社会科学》2019 年第 1 期。

新社会治理手段，推进公共服务供给侧改革，还是对于个体增进获得感、幸福感、安全感都尤为必要。

第三节 研究的方法

一 抽样问卷调查

问卷调查研究指一种采用自填式问卷或结构式访问的方法，系统地、直接地从一个取自某种社会群体的样本那里收集资料，并通过对资料的统计分析来认识社会现象及其规律的社会研究方式。尽管有着解释能力有限①、收集的资料比较表面化和简单化、随机抽样受到现实挑战等方面的局限，问卷调查研究方法还是可以帮助研究者快速获取大量符合设计要求的第一手资料，并同时可以兼顾描述性研究和解释性研究两种目的。在专业统计软件的帮助下，通过对这些原始数据资料的定量分析，我们既可以从宏观结构上总体把握雾霾天气持续下城市居民社会心态基本状况与特点，也可以用来检验社会学、社会心理学中有关理论命题和假设。

本书所依据的自编问卷为《雾霾天气下社会心态的调查问卷》（见附录1）。问卷围绕“社会心态”这一核心概念，将“雾霾天气下的社会心态”操作化为“对雾霾的社会认知”（题1—5）、“雾霾天气下的社会情绪”（题6）、“雾霾天气下的社会行动（倾向）”（题7—9）、“有关雾霾的价值观念”（题10）4个维度。问卷还包括所属城市、文化程度、职业背景、家庭年收入、自陈健康状况等人口统计学变量，

---

① 一般认为，在探讨和分析变量间的因果关系方面，问卷调查研究不及实验研究；在对事物理解和解释的深入性方面，问卷调查研究不及实地研究；在研究的反应性方面，问卷调查研究不及文献研究。

共计91个变量。考虑城市是雾霾的主要发生地和受影响区域，同时考虑城市居民整体生活水平和生活质量高于农村居民，从而对雾霾天气更为敏感，社会心态受雾霾影响更为直接①，因此本书选择近年来雾霾天气发生频次较多、污染程度较高、持续时间较长的北京市和成都市两地居民作为调查对象。调查过程中，发放电子或纸质问卷1000份，共回收有效问卷826份，有效回收率为82.6%，有效问卷的人口统计学变量分布见表1－2。

表1－2　　调查对象在人口学变量上的分布情况（N＝826）

变量	类别	频数	百分比(%)
城市	北京	411	49.8
	成都	415	50.2
性别	男	370	44.8
	女	456	55.2
年龄	29岁及以下	348	42.1
	30—39岁	298	36.1
	40—49岁	111	13.4
	50岁及以上	69	8.4
文化程度	大专及以下	161	19.5
	本科	325	39.3
	硕士及以上	340	41.2

① 影响雾霾下的居民感受的因素比较复杂，同等雾霾天气下不同城市居民反应和耐受度也不尽相同。比如，已有研究表明，空气质量良好城市一旦出现雾霾天气，居民警惕性往往较高，反应也较强烈，此时，空气质量良好成为反应强烈的参照系；相反，雾霾污染历史严重的城市居民对雾霾的发生敏感性较低，耐受度较高，此时，居民将自身对空气质量的期望调整到与同期空气质量相一致的水平。不同反应和耐受度本身说明不同城市的经济社会发展水平、居民对生态环境的期望值以及不良天气下居民的适应水平不尽相同。

续表

变量	类别	频数	百分比(%)
职业背景	国家机关干部	64	7. 7
	企业单位人员	258	31. 2
	事业单位人员	233	28. 2
	进城务工者	23	2. 8
	个体经营者	38	4. 6
	离退休人员	24	2. 9
	学生	148	17. 9
	其他	38	4. 6
居住地	主城区	541	65. 5
	郊区	285	34. 5
家庭年收入	5 万元及以下	88	10. 7
	5 万—10 万元	181	21. 9
	10 万—20 万元	291	35. 2
	20 万—50 万元	217	26. 3
	50 万元及以上	49	5. 9
自陈健康状况	较差	21	2. 5
	一般	296	35. 8
	较好	383	46. 4
	很好	126	15. 3

采用同样的方法对同一对象重复进行测量所得结果的一致性程度即测量的信度。本书采用克隆巴赫内部一致性系数（Cronbach）来测量问卷的信度，见表 1 – 3。从表中可以看出，总共 814 名个案参与信

度分析（缺失值为12），克隆巴赫 Alpha 值为0.857，而基于标准化项的克隆巴赫 Alpha 值为0.898，这两个系数值均大于0.8，故本书赖以分析的数据具有较高的内在一致性，可靠性较强。

表1－3　　问卷可靠性统计（N＝814）

个案数	缺失值	克隆巴赫 Alpha	基于标准化项的克隆巴赫 Alpha	项数
814	12	0.857	0.898	91

测量工具能够准确测出所要测量的变量的程度即效度。本书采用因子分析的方法测量问卷中部分量表的结构效度，见表1－4。从表中可以看出，雾霾危害认知、雾霾风险判断、雾霾应对措施、雾霾产品（服务）购买意愿、雾霾抗争行动所对应的量表分别有14、8、11、11、7个题项；KMO值分别为0.882、0.790、0.799、0.845、0.773，均大于0.7；巴特利特球形检验显著性值均为0.000，小于0.05；累积方差贡献率分别为56.624%、58.150%、55.979%、52.644%、70.080%，均大于50%。以上统计结果综合表明问卷所收集的数据具有良好的结构效度水平。

表1－4　　KMO和巴特利特检验

变量		雾霾危害认知	雾霾风险判断	雾霾应对措施	雾霾产品购买意愿	雾霾抗争行动
题项		14	8	11	11	7
KMO 取样适切性量数		0.882	0.790	0.799	0.845	0.773
巴特利特球形度检验	近似卡方	4184.129	2021.413	2212.596	2886.363	2474.558
	自由度	91	28	55	55	21
	显著性	0.000	0.000	0.000	0.000	0.000
累积方差解释（%）		56.624	58.150	55.979	52.644	70.080

二　半结构式深度访谈

半结构式深入访谈方法也称为半控制式访问，是一种以口头语言为中介，依据事先制定好的访谈提纲，调查者与被调查者进行面对面的交往与互动的方法。相比于自填式问卷和结构式访问，尽管所获得的资料难以进行统计处理和定量分析，半结构式深入访谈法可以充分调动访问者与被访者的积极性，获得研究对象生活与行动中的丰富社会背景资料，避免前者对研究问题既有的限定答案，从而在较大程度上避免了资料的表面化和简单化。半结构式访谈因此被视为对被访者在访谈时赋予自己的话语的意义以及被访者赋予访谈场景的意义的探究。

本书在访问时遵循了以下原则：访问控制原则（即通过提问甚至打断的方式将访问对象拉回访问主题）、信息捕捉原则（通过访问控制将涉及研究主题的信息尽可能深化而忽略无关信息）、时间和情境允许原则（创造访问对象可接受的访问时间和访问情境）、及时记录原则（忠实及时地再现访问内容并形成书面文字）、尊重隐私原则（不公开暴露访问对象隐私，所有记录仅作研究之用）。

本书访谈所依据提纲为《雾霾天气下社会心态的访问提纲》（见附录2）。访问提纲围绕“对雾霾的认知情况”“雾霾对您和您家人的影响”“雾霾的防治与应对措施”“有关雾霾的价值观”四方面10个问题展开。本书成功访问来自北京市、成都市两地居民33人，见表1－5，整理访谈记录15万余字，获得丰富的第一手资料。

表1－5　半结构式访谈对象的简要信息

序号	所在单位	（姓氏）职业	个案编号
1	中国农业大学	张姓教师	2019073101
2	北京理工大学	赵姓教师	2019080202

续表

序号	所在单位	（姓氏）职业	个案编号
3	北京理工大学	王姓教师	2019080303
4	北京某网络科技公司	高姓企业主	2019080404
5	人民日报社	黄姓工作人员	2019080605
6	北京航空航天大学	陈姓教师	2019080706
7	住房和城乡建设部	张姓工作人员	2019080807
8	财政部	谢姓工作人员	2019080908
9	北京某科技有限公司	李姓工作人员	2019081009
10	中国技术进出口集团有限公司	张姓工程师	2019081310
11	北京滴滴公司	李姓出租车司机	2019081511
12	北京丰台区检察院	谢姓干部	2019081512
13	北京新高教集团思政培训部	李姓员工	2019081713
14	北京海淀区某东北饭馆	王姓老板	2019081814
15	北京某考研培训机构	谢姓员工	2019082215
16	中共中央对外联络部	尚姓工作人员	2019082416
17	北京房山区链家公司某分部	薛姓经理	2019082517
18	北京房山区某洗衣店	闫姓店主	2019082718
19	北京房山区良乡某小区	赵姓离退休人员	2019082919
20	北京房山区某小区物业服务中心	张姓负责人	2019090220
21	西南交通大学	方姓教师	2019032021
22	西南交通大学	郭姓教师	2019032122
23	成都理工大学	许姓教师	2019032223
24	成都市委党校	董姓教师	2019032524

续表

序号	所在单位	(姓氏)职业	个案编号
25	四川大学	王姓教师	2019032825
26	电子科技大学	刘姓教师	2019033126
27	成都交通职业技术学院	马姓教师	2019041027
28	西南交通大学子弟小学	孙姓教师	2019041128
29	西南财经大学	谭姓教师	2019041229
30	成都某国有企业	谢姓负责人	2019041330
31	西南交通大学	谢姓教师	2019041531
32	成都市委宣传部	许姓干部	2019041632
33	成都 Book 书店	景姓店员	2019041833

三 网络参与观察

本书还采用了无结构参与观察法作为资料的辅助收集方式。无结构参与观察法指研究者渗入研究对象的生活背景，在实际参与研究对象日常生活的过程中所进行的观察，这一观察并不依据事先已经确定好的统一的、固定不变的观察内容和观察表格，而是完全依据研究对象所进行的生产和社会活动的过程进行的自然观察。与自填式问卷和结构式访问事先准备好一组要求被访者回答的问题甚至答案相比，无结构参与观察法要求观察者深入实地、完全参与被观察者的实际生活，往往能够直接、真切地感受被观察者的思想感情和行为动机，有利于研究者“设身处地”地理解被观察者，避免将研究者自己关于研究对象的特定假设强加给他们。由于“特意不在一些有关的问题上作出明确的假设”，使得参与观察法成为获得社会现实的真实图像提供了最好的方法。[①]“与这种观察通常相关的民族志学者经常讨论社会生活，仿

① 风笑天：《社会研究方法》第五版，中国人民大学出版社 2018 年版，第 349 页。

佛社会生活就是一个或一组舞台，在舞台上，我们正扮演着各种角色。无结构式观察将着眼于理解这些角色是如何在人生舞台上扮演好自己的。”①

除前述问卷调查和深度访谈对象外，本书也将参加新浪或其他网站论坛有关雾霾讨论的不特定网民作为研究对象。研究者和助手以普通网民的身份参与公众对于雾霾污染问题的讨论，去观察和了解公众有关雾霾的社会认知、社会情绪和价值观情况，并通过新浪微博、百度贴吧、天涯论坛以及其他各大新闻网站等网络平台搜集并筛选了相关言论，截取了时间跨度为2013—2019年度共计649条有效言论。

第四节 理论解释

一 后物质主义价值观

基于全球多个国家价值观变迁长期跟踪的实证调查②，当代西方政治文化研究大师级人物罗纳德·英格尔哈特（Ronald Inglehart）提出被视为西方当代社会变迁最具有解释力的“后物质主义价值观”或“价值观代际转变”理论。

在最晚出版的一本书中，英格尔哈特全面地解释了“物质主义价值观”向“后物质主义价值观”的文化变迁是如何发生的，以及

---

① ［英］加里·托马斯：《如何进行个案研究》，方纲译，中国人民大学出版社2021年版，第227页。

② 基于6个国家的价值观调查，英格尔哈特著有《静悄悄的革命：变化中的西方公众的价值与政治行为方式》（叶娟丽等译，上海人民出版社2016年版）；基于20多个发达工业国家的价值观调查，英格尔哈特著有《发达工业社会的文化转型》（张秀琴译，社会科学文献出版社2013年版）；基于西方民主国家、威权政治国家以及前社会主义国家等43个国家的价值观调查，英格尔哈特著有《现代化与后现代化：43个国家的文化、经济与政治变迁》（严挺译，社会科学文献出版社2013年版）。

这一变迁对政治生活所带来的影响。具体而言：首先，欠发达国家的文化特征呈现出强烈的传统权威型特征，而西方发达的工业化国家的文化特征呈现出强烈的世俗理性权威型特征。其次，发展中国家与前现代化国家的文化特征呈现出强烈的生存价值观特征，而西方发达的工业化国家的文化特征呈现出强烈的幸福价值观特征。再次，生存价值观或物质主义价值观强调经济安全和人身安全，工作动机的目标是收入最大化；幸福价值观或后物质主义价值观强调独立自主和自我表现，给予非物质要求很高的优先权，工作动机来自工作是否有趣；在性别平等、性观念等一系列问题上，秉持后物质主义价值观的人们比物质主义者都更加开放和包容。最后，由传统权威价值观到世俗理性价值观的转变，由生存价值观到自我表现价值观的转变，其动力源于工业化和经济的繁荣，这一转变正在重塑发达工业国家的政治和社会生活；随着欠发达国家的经济发展，其价值观也越来越接近发达工业化国家，即越来越向世俗理性价值观和自我表现价值观的一侧靠近。

在环境议题上，后物质主义价值观假设：发展中国家只有在它们的经济变得足够安全和富庶以后，民众才转而关心环境议题。换言之，民众对于环境的关心只有在基本的物质需要以及政治和情感的安全得以满足之后才会出现。尽管贫穷国家民众可能存在较高的环境关心水平，但国家经济仍然会影响其公民的环境关心水平。对于受到失业威胁的居民，空气污染是可以暂时忍受的，也许对于他来说，机器轰鸣、冒着浓烟的工厂比风和日丽更加赏心悦目。对于政府来说，保证充足的自来水和电力供应、高效及时地清除城市垃圾以及敷设畅通的污水排放系统比清洁大气具有更加优先的地位。这就意味着环境质量本质上是一种“奢侈品”，当一定数量的民众感到经济上足够安全或物质上足够富庶时才会产生环境保护支付或消费意愿。这一理论假设在一些经验研究中得到部分证实。

后物质主义价值观对于本书的启发意义在于，人们关心雾霾（环境）究竟是因为雾霾（环境）对身心健康构成了直接或间接威胁，还是因为经济发展推动价值观的转变（对生态环境质量的需求更为强烈）导致人们比以前更加关心了？

二 环境库兹列茨曲线假说

经济增长和环境保护之间的张力是世界各国难以回避的一个问题。经济增长对环境污染影响的相对成熟的分析框架始成于美国学者格罗斯曼和克鲁格（Grossman & Krueger）将库兹列茨曲线引入二者之间关系的实证研究①，即一个国家和地区的污染水平在低收入水平阶段会随经济发展和国民收入水平的增加而上升，在高收入水平阶段，污染水平会伴随国民收入的增长而下降。反映人均收入与环境质量之间呈倒U形关系的命题一般被称为“环境库兹涅茨曲线假说”（Environmental Kuznets Curve，EKC）。

具体而言，这一假说认为，当经济增长处于前工业阶段人们收入较低时，个人可以更好地利用他们有限的收入来满足他们的基本消费需求，减少污染是不受欢迎的，这一阶段环境退化的程度呈较低水平；当经济增长处于工业化阶段人们达到一定的收入水平时，个人开始考虑环境质量和消费之间的平衡，环境出现不断恶化的趋势；当经济处于后工业化阶段人们收入达到很高水平时，环境恶化现象逐渐减缓并出现改善的趋势。有关环境质量与收入之间关系实证研究的深入进行不断丰富了其背后的机制与成因。比如，在人均收入提高的过程中，

---

① Grossman G. M. and Krueger A. B.，“Environmental Impacts of a North American Free Trade Agreement”，in Garber P. M.（ed.），*The US – Mexico Free Trade Agreement*，Cambridge MA：MIT Press，1993，pp. 13 – 56.

产业结构的升级、清洁技术的应用、环境质量需求的上涨、环境规制的强化①以及市场机制的完善等因素共同促成了环境库兹列茨曲线的形成。

这一假说也受到诸如“不能适用于所有的环境—收入关系”“现实复杂的环境—收入关系偏离了环境库兹列茨曲线”“环境库兹列茨曲线研究中污染物指标的选择问题”“环境库兹列茨曲线针对发达国家与发展中国家差异的解释力问题”等等方面的质疑。尽管如此，环境库兹列茨曲线假说依然为经济发展不同阶段下污染物排放轨迹提供了经典的宏观解释模型。环境库兹列茨曲线假说在中外实证研究中也得到部分检验。环境库兹列茨曲线假说中，伴随人均收入提高，人们对环境质量需求也大大提高，从而推动了环境改善的趋势，这与后物质主义价值观中“经济变得足够安全和富庶以后民众才转而关心环境议题”的解释有异曲同工之妙。与早期经济增长必然带来环境质量下降，经济增长与环境质量难以兼容的悲观论调相比，制度创新、技术突破以及绿色发展道路的践行为人类在获得经济增长的同时享受良好的环境提供了无限光明的前景。

环境库兹列茨曲线以及后续不断完善的理论对本书的启发在于，面临持续严重的雾霾天气，公众宁愿选择相信经济增长与环境质量难以兼容的悲观论调，还是相信经济增长的同时享有良好环境质量的光明前景？

---

① 传统经济学认为，由政府发起的环境保护虽有利于社会整体福利的增加，但以牺牲具体厂商的利益为代价，因此环境规制会增加企业的成本支出，从而降低企业的技术创新能力。美国学者 M. E. 波特（Michael Eugene Porter）提出波特假设（Porter Hypothesis），即适当的环境规制可以促使企业进行更多的生态创新活动，而这些技术创新将提高企业的生产效率，从而抵消由环境规制带来的成本上升并在长期内获得行业的技术创新能力和市场竞争优势。

三 情感适应律

心理学一般认为，所谓适应就是对重复出现的刺激反应减少或减弱，而适应的过程就是重新建构有关刺激的认识以及刺激对生活影响的认识的过程，也是一种消极的自然生理反应过程。在日常生活中出现的事件或情境下，适应表现为个体起先会对此作出强烈反应，但随着时间推移个体情绪归于平静的趋势。情感适应律因此认为，生活事件本身并没有什么内在的价值，人们对生活事件的认知，视其所处生活情境而定。菲利普·布里克曼（Philip Brickman）和唐纳德·坎贝尔（Donald Campbell）将这种情感适应现象称为“享乐主义踏板车”（Hedonic Treadmill）或“享乐适应”（Hedonic Adaptation），即观察到的人类在重大积极或消极事件或生活变化的情况下迅速恢复到相对稳定的幸福基线水平的倾向。[①] 这也就意味着，无论某种刺激给我们带来的是正向的情感反应（比如中彩票大奖）还是负向的情感反应（比如因为车祸而脊髓受伤），随着时间的推移或随着经历同样刺激次数的增多，人类所体验的情感反应总是逐渐弱化并趋于原有的基线水平。造成情感适应的主要原因包括人体会自动完成对于外部刺激的生理适应，大脑对于熟悉信息的模块化记忆，对于外部刺激的注意力的转移以及对于事件结果的合理化解释。[②]

人类因为有了适应机制，使得整个世界为之改观。首先，由于适应过程让相关的正向情感逐渐减弱，因此想获得与以往相同程度的情感体验就必须经历更多数量或更高质量的同类刺激，这一过程迫使人们不断获取更多或者更好的有利于生存和发展的资源。这一特征直接

---

① Philip Brickman, Donald Campbell, *Hedonic Relativism and Planning the Good Society*, New York: Academic Press, 1971, pp. 287 - 302.

② 奚凯元、王佳艺、陈景秋：《撬动幸福》，中信出版社 2008 年版，第 51—59 页。

支撑着现代社会消费主义的价值观。“消费者社会不能兑现它的通过物质舒适而达到满足的诺言，因为人类的欲望是不能被满足的。……消费者社会，似乎是通过提高我们的收入而使我们陷入贫困的。”[①] 其次，正是对于不良外部刺激的适应才可以帮助人们减轻外部打击所造成的负面影响，因为如果所有努力都无法改变恶劣的外部环境，人们与其接收来自外部世界和内部情感的双重煎熬，还不如让人们的负向情感趋于平复。尽管适应机制作为一股强大的力量可以削弱大多数事件的冲击和影响，但适应律并不是在所有的生活情境中都生效。面临超出生理自动调节的范围、变化多端、不易合理化的失败等不利外部刺激，人们并不能彻底、迅速地完全适应。

情感适应律对于本书的启发在于，面对持续严重的雾霾天气，不同人口学特征的公众在多大程度上予以被动情感适应（掩饰性应对）、主动规避乃至选择抗争行动（工具性应对）呢？

四　环境应激模型与社会环境交互模型

应激是面临或察觉到外界变化（应激源刺激）对机体有威胁或挑战时，个体做出的适应性反应过程。应激结构一般包括造成应激或紧张的刺激物（应激源）、特殊的身心紧张状态（应激本身）、对应激源的生理和心理反应（应激反应）。环境应激主要指包括噪声、气候、气温、污染大气和水体等刺激物所引发的个体生理和心理感受到威胁时所产生的紧张状态。

由埃文斯和坎贝尔（Evans & Campbell）于1983年提出的空气污染环境应激模型视空气污染为一种环境应激源，个体对空气污染做出

---

① ［美］艾伦·杜宁：《多少算够——消费社会与地球的未来》，毕聿译，吉林人民出版社1997年版，第26—27页。

应激性主观评估后产生各种不良反应。[1] 这一模型包括结构性要素、情境性要素和应激应对三个核心要素。其中，结构性要素指引发个体空气污染不良反应的易感性变量。个体社会经济资源有限、健康欠佳等因素降低了个体面对环境应激源时的抵抗力，从而增强了空气污染的易感性。换言之，受结构性要素影响的个体更有可能将空气污染而非人际力量评估为危害个体健康和幸福感的环境应激源。情境性要素指影响空气污染评估的社会心理变量和物理环境。应激应对包括个体积极地试图改变空气污染的影响（即工具性应对）以及通过认知或情绪调整来否认或减少空气污染的危害（即掩饰性应对）。

与以前大多数研究只集中于将空气污染和灾难性健康后果之间建立直接的、没有中介关系的模型不同，埃文斯和坎贝尔强调，暴露于空气污染本身不足以解释个体产生的消极影响，是因为人们对环境应激源的反应在很大程度上取决于个体对空气污染的感知和评估。具体而言，个体是否体验到某一特定事件为应激性（威胁或挑战）需要取决于两次评估过程：第一次评估是对潜在应激源是否具有危害性进行评估，第二次评估是对应对资源和应激反应是否有效进行评估。因此，个体是否以及在多大程度上将包括雾霾在内的空气污染视为一种应激源，可能关系空气污染能否以及在多大程度上给个体带来不良反应。上述结构性要素和情境性因素正是影响个体在空气污染评估中的认知调节性变量，这两类中介变量与空气污染共同作用于个体应激的应对过程。

克劳赫蒂和库赞斯基（Clougherty & Kubzansky）的社会环境交互

① Evans, G. W., Campbell, J. M., "Psychological Perspectives on Air Pollution and Health", *Basic & Applied Social Psychology*, Vol. 4, No. 2, 1983, pp. 137 – 169.

模型①进一步将埃文斯和坎贝尔的结论推向深入。这一模型认为，社会心理应激进一步诱发和加剧了空气污染的不良反应。在社会心理应激方面，相比于社会经济地位较高群体生活在（或较高选择自由生活在）空气质量良好区域，社会经济地位较低群体更有可能生活在（或较低选择自由生活在）空气污染区域；与前者相比，后者无论是工作场所的选择还是出行方式的选择使其暴露在空气污染中的风险更大。

环境应激模型和社会环境交互模型对于本书的启发在于，面对持续严重的雾霾天气（客观空气质量），受不同个体对空气污染主观评估和感知以及社会心理应激（主观空气质量）的影响，空气污染作用于个体生理或心理不良效应的过程是复杂的、间接的和微妙的。

第五节　研究思路

本书通过抽样问卷调查、半结构式深度访谈、网络参与观察等方法旨在对雾霾天气持续下城市居民包括社会认知、社会情绪、行为倾向、价值观念等在内的社会心态现状和特征进行客观、全面、系统的描述与分析，深入揭示雾霾天气持续下各行为主体对居民社会心态的影响、心态的形成机制以及正负效应，深化社会心态的“突生性”特征以及集体表征、个体认同、群体沟通、社会比较等在社会心态形成过程中所扮演角色的理论认识，提出引导居民树立理性平和、积极向上社会心态的对策建议，并最终服务于政府创新社会治理手段，推进公共服务供给侧改革，增进个体获得感、幸福感和安全感。

研究内容包括五部分，如图 1－1 所示。

---

① Clougherty, J. E., Kubzansky, L. D., “A Framework for Examining Social Stress and Susceptibility to Air Pollution in Respiratory Health”, *Ciência & Saúde Coletiva*, Vol. 15, No. 4, 2010, pp. 2059－2074.

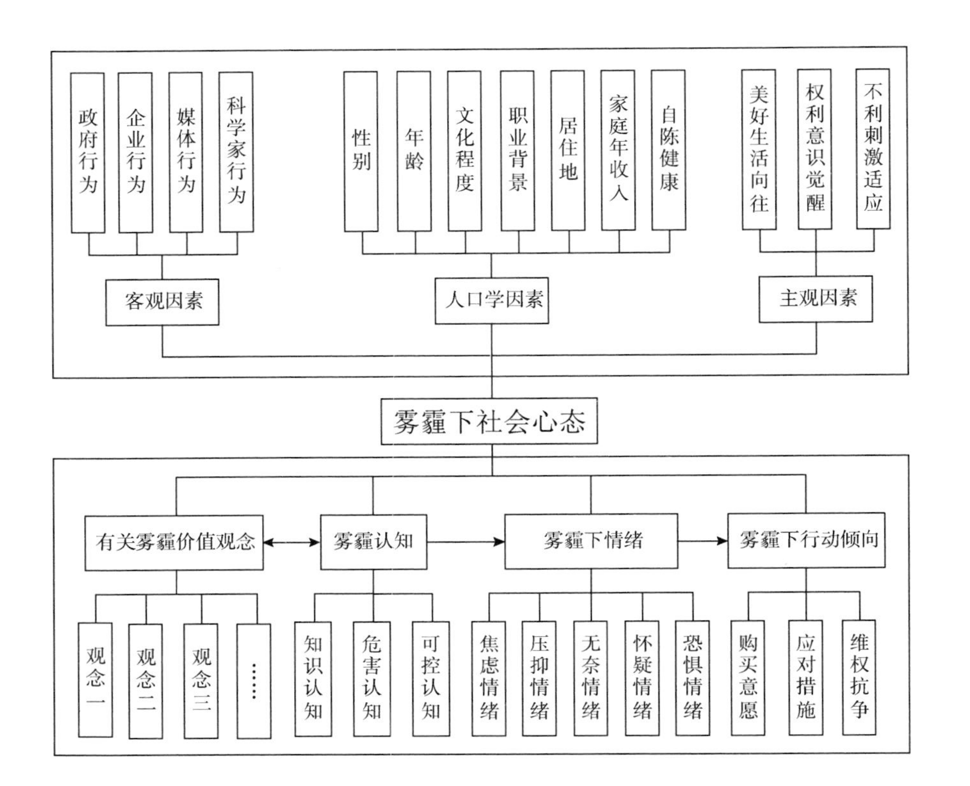

图1－1　雾霾下社会心态表现及影响因素路径

第一部分，雾霾天气持续下城市居民社会心态的现状以及特征。这一部分分为，其一，雾霾天气持续下城市居民的社会认知状况。如对雾霾知识的了解程度、雾霾的风险感知、雾霾可控程度的评估、雾霾天气下对政府工作与自身生活环境的评估，等等。其二，雾霾天气持续下城市居民的社会情绪类型。如对所生活环境安全性的集体性焦虑情绪，对“结果不可控外部事件”的习得性无助情绪，对各级政府尤其是地方政府在雾霾治理、生态环境建设工作等方面的先验性怀疑情绪，对个别污染较大的企业以及主动选择季节性迁徙乃至移民他国的先富者的替罪性愤恨情绪等。其三，雾霾天气持续下城市居民的社会行为倾向。在雾霾天气持续下，可能采取包括必要性防护、选择性忽略、失控性宣泄、抗争性行动、彻底性规避等在内的行动。其四，雾霾天气持续下城市居民的价值观念表现。在雾霾天气持续下，“个体与他人以及城市为休戚与共的命运共同体”“赚钱机会让位于自身健康和后代发展”等价值观念更加彰显。

第二部分，雾霾天气持续下各行为主体对居民社会心态的影响。这一部分分为，其一，政府行为对居民社会心态的影响。政府为遏制雾霾采取的治理措施及有关雾霾的信息披露情况。其二，企业行为对居民社会心态的影响。企业主体或为追逐经济效益或强调社会责任的不同目标选择。其三，媒体行为对居民社会心态的影响。媒体为报道雾霾成因、提供背景资料、引导舆论的策略选择。其四，科学家行为对居民社会心态的影响。科学家对雾霾治理的技术手段攻关以及对雾霾的准确解读。其五，个体各人口学属性对居民社会心态的影响。

第三部分，雾霾天气持续下城市居民社会心态的形成机制。这一部分分为，其一，社会共识。“同是雾霾受害者”的社会共识为城市居民的心理趋同提供了基本方向。其二，群体沟通。发达自媒体下的群体沟通为充分共享雾霾的“现实”提供了技术可能。其三，外部归因。将个别企业和政府官员定义为“欠公众一个交代或一个道歉”的“他群”，将深受雾霾其害的大多数尤其易感人群定义为“我群”。其四，社会比较。将主动选择季节性迁徙乃至移民他国的先富者类别化为“逃跑分子”。

第四部分，雾霾天气持续下城市居民社会心态的正负效应。这一部分分为，其一，负面效应。雾霾天气持续降低了城市居民的主观生活质量（获得感、幸福感、安全感）；削弱了城市居民对所在城市的归属感与认同感；增强了城市居民对公共权力的不信任；造成了社会不同群体之间新的隔阂与撕裂；消解了和谐社会的共识氛围；增加了新的社会不稳定因素。其二，正面效应：有利于凝聚形成“雾霾治理既是艰巨战又是持久战”“雾霾下无人能独善其身”等新的社会共识；也有利于个体在监督政府和企业行为的同时，检视并调整自身生活方式，积极参与环境保护行动。

第五部分，雾霾天气持续下引导居民树立健康社会心态的建议。这一部分分为，其一，政府依法治理雾霾战略的确立，基于污染源分类的专业化雾霾治理效率的提高，有关雾霾环境信息的权威披露等。其二，包括炼油、冶金及汽车行业等在内的企业家社会责任伦理的树立。其三，科学家为减轻雾霾天气的技术攻关、科学指导及正确解读。其四，媒体从业者为安抚公众情绪、消除恐慌心理进行专业的舆论引导。其五，个体低碳环保生活方式的践行及自我心态的调适等。

第二章　雾霾与社会心态的有关研究

第一节　关于雾霾的研究

一 雾霾形成的一般性原因

（一）雾霾与低效煤炭燃烧

一部空气污染的历史几乎就是燃料结构不断替代与升级的历史。现代文明起源于有组织地使用机械能，而正是煤炭为19世纪末20世纪初的近代工业革命提供了源源不断的机械能源。这一时期，煤炭对于西方工业世界就像太阳对于万物生长一样重要，人类对煤炭的高度依赖使得人们无论在道德上还是在法律上都无法接受将煤烟排放视为污染的主要来源。①相反，“煤炭是文明的物质发展所围绕的核心”

① 美国学者彭慕兰指出，相比于中国江南地区，西欧在19世纪前并没有任何独一无二的优势，前者在很多方面甚至优于后者。但英格兰而不是中国的江南成为工业革命的发源地，这不仅仅因为煤炭的使用以及产量的供应，而且因为英国煤矿所处的极佳地理位置。英国国土紧凑，矿区距离伦敦并不遥远，能源区与经济核心区的毗邻使得煤炭运输费用低廉。不仅如此，能源区的地质状况（即煤层含水量大，开采时的抽水促使了蒸汽机的发明）确保了工业革命所需要的源源不断的新能源。相关观点参见［美］彭慕兰《大分流：欧洲、中国及现代世界经济的发展》，史建云译，江苏人民出版社2004年版。

“在美国，几乎所有现代建筑物的总和不过一座煤炭纪念碑而已”“一个国家的文明程度几乎可以用它所消耗的（煤炭）燃料数量来衡量”“我们整个文明现在都依赖于蒸汽动力，国家的舒适和安全取决于我们山峦中的煤炭储量”“烟雾是当地活力和企业的标志，从大工厂冒出来的烟雾，给每个生活在其中的人带来了鼓舞和乐观”“依赖煤炭的城市中的工人、管理者和财产所有者对他们烟雾缭绕的生活即使没有愉悦感，也能欣然接受，直到进入20世纪”。①

然而，煤炭燃烧尤其是不充分燃烧带来的空气污染几乎与煤炭燃烧发出来的光和热一样多。“煤炭燃烧所产生的烟雾通过无数的渠道对城市居民施加影响，不仅使他们的生命更短，而且使他们的生活更单调、更昂贵、效率更低。总之，黑烟是一场经济灾难。”② 从世界第一大经济体美国和第三大经济体日本能源结构的转变来看：美国在20世纪90年代前后实现雾霾控制，其当时煤炭消耗占比约为能源消耗总量的22.7%；自从2007年页岩气革命爆发后，到2019年煤炭在美国能源消费总量中仅约占11.3%；日本在严重雾霾污染的1955年，煤炭消耗占比高达能源消耗总量的70.4%；而到2018年煤炭在日本能源消费总量中仅约占25.9%。

截至2019年，煤炭、石油、天然气、一次电力及其他来源在中国能源消费构成中占比为分别57.7%、18.9%、8.1%、15.3%。③ 中国“多煤、少油、缺气”的能源供给结构决定了中国以煤炭资源为主的能源消费结构。这一能源消费结构也意味着煤炭燃烧尤其是低效煤炭燃烧是中国城市雾霾天气的主要根源。2019年，中国煤炭生

---

① ［美］大卫·斯特林德林：《烟囱与进步人士：美国的环境保护主义者、工程师和空气污染（1881—1951）》，裴广强译，社会科学文献出版社2019年版，第17—36页。

② ［美］大卫·斯特林德林：《烟囱与进步人士：美国的环境保护主义者、工程师和空气污染（1881—1951）》，裴广强译，社会科学文献出版社2019年版，第36页。

③ 国家统计局：《中国统计年鉴》，2020年。

产与消费占全球生产与消费总量相较上年均增长，比例分别为47.3%、51.7%。[①] 中国科学院的相关研究显示：煤炭、工业污染、二次无机气溶胶、生物质燃烧、垃圾焚烧、土壤尘以及汽车尾气等是PM2.5的主要构成成分，其中前三种成分比重达到69%，而这三种成分的生成主要源于煤炭资源的大量消费。运用计量经济学的分析方法，可验证能源消费，尤其是煤炭消费达到一定数量后，煤炭消费与雾霾之间的高度相关性。比如2003—2012年，我国煤炭消费快速增长的期间也是我国雾霾天数迅速增多的期间。[②] 我国北方地区冬季集中供暖用煤量增长期间也是北方城市雾霾天气的高发季节，这从侧面说明我国以煤炭资源为主的能源结构对城市雾霾天气有着不可推卸的责任。以河北省2015年为例，该省PM2.5的主要来源中包括7项大的污染源，分别是家庭用燃煤采暖小锅炉、钢铁企业的烧结工艺、炼焦、供暖和蒸汽燃煤锅炉、燃煤发电、水泥厂燃煤、柴油载重机动车；第一大污染源是用于农村家庭采暖的散煤小锅炉；燃煤本身未必会造成严重的大气污染，只有在不清洁地燃煤时才会造成严重的大气污染。[③]

（二）雾霾与交通拥堵

机动车尾气中由于含有颗粒物、氮氧化合物、碳氢化合物以及一氧化碳等污染物从而构成一些城市空气污染的主要来源。其中，颗粒物对PM2.5造成直接“贡献”；而碳氢化合物、氮氧化合物等经过复杂的光化学反应后形成二次气溶胶（二次组分）对PM2.5造成间接

---

① 中国煤炭经济研究会：《2019年全球煤炭产量81.29亿吨 中国生产消费占比均增》，http：//www.cnenergynews.cn/meitan/2020/06/22/detail_ 2020062256642.html，2020年6月22日。

② 郝江北：《雾霾产生的原因及对策》，《宏观经济管理》2014年第3期。

③ 《陶光远：治霾六年》，http：//www.igreen.org/index.php？m = content&c = index&a = show&catid = 18&id = 11762，2019年4月1日。

“贡献”。在交通拥堵条件下，由于机动车无法保持匀速行驶而是处于频繁启动与停止的怠速状态，导致更多的污染物排放。当前我国机动车保有量呈快速增长态势：据不完全统计，北京和成都两市汽车保有量超过500万辆；重庆、苏州和上海三市汽车保有量超过400万辆。联合国环境规划署的有关数据显示：伴随发展中国家快速城镇化而增长的城市大气污染，其中90%以上都来自大量老旧和保养不佳的车辆尾气排放、不充分的基础设施和低质燃油。

根据我国业已完成的第一批城市大气细颗粒物（即PM2.5）源解析结果①：大多数城市PM2.5浓度的贡献仍以燃煤排放为主，但部分城市机动车排放已成为PM2.5的首要来源；其中，深圳、北京、济南、上海、杭州和广州等6个城市的移动源排放已经成为首要来源，占比分别为52.1%、45.0%、32.6%、29.2%、28.0%、21.7%；而武汉、长沙、南京和宁波等4个城市的移动源排放已经成为第二大移动源，占比分别为27.0%、24.8%、24.6%、22.0%；京津冀大气污染传输通道城市（即“2+26城市”），移动源对PM2.5的贡献约在10%—50%。

由于我国汽油消费税比较低，加之我国货运汽车超载比较严重，造成目前公路承担了过多的运输功能。这一不合理的运输结构极大地增加了国内汽油消耗量和污染物排放。有研究者以交通指数和空气质量指数为指标，考察了二者之间的相关关系，结果表明②：在“严重拥堵”与“严重污染”的极端情况下，二者仍未呈现出显著的相关关系；但在剔除天气因素后，相关程度显现出增强的趋势；交通拥堵虽然不是影响环境空气质量绝对的主导因素，但也显

---

① 中华人民共和国生态环境部：《中国机动车环境管理年报》，2018年。

② 刘铁军、邱大庆、孙娟：《城市交通拥堵与空气污染相关度的初步研究》，《中国人口·资源与环境》2017年第S2期。

现一定程度的污染贡献，交通拥堵的舒缓治理显然有利于缓解空气污染的程度。

有研究者运用回归方法，对比了自2008年北京市机动车限行政策实施前后空气质量状况。与没有证据表明空气质量因墨西哥市机动车限行政策得到改善（反而因为增加购买二手车规避限行导致污染的进一步恶化）不同，该研究发现①，北京市的机动车限行政策将该市空气污染指数拉低了1.1—1.22个点位。还有研究者基于收敛交叉映射技术的经验研究发现②，大多数城市的拥堵延迟指数与空气质量指数、主要污染物之间不存在显著的因果关系，但与次要空气污染物之间存在显著的单向或双向因果关系；尽管交通拥堵与污染之间有一定关联，但现有的经验证据并不支持二者之间的因果关系，因此治堵和治霾不能“一箭双雕”而必须“双管齐下”。

（三）雾霾与气象条件

人类活动产生的诸如燃煤烟尘、工业废气、机动车尾气、扬尘等大量污染物的排放是雾霾天气产生的直接原因，而风速小、大气静稳、近地面逆温、湿度较高等构成雾霾形成的气象条件。当风速小于或等于2米/秒，即风速为1级风左右的时候，空气流动性较弱，此时不利于污染物的扩散。当大气层结稳定，混合层高度降低，山地、丘陵、盆地等特殊地形阻碍空气流通时，则会形成静稳天气；我国华北黄淮、长江中下游、四川盆地等地，静稳天气频发。逆温是空气温度随高度增加而增高的大气垂直层结现象，近地逆温现象就像一层厚厚的被子盖在地面上空，使低层大气比较稳定，不利于污染物的扩

---

① 邱兆祥、刘帅：《机动车限行对北京市空气污染指数的影响》，《经济研究参考》2013年第11期。

② 刘华军、雷名雨：《交通拥堵与雾霾污染的因果关系：基于收敛交叉映射技术的经验研究》，《统计研究》2019年第10期。

散。相对湿度如高于60%，则有利于细颗粒物的吸湿增长和快速增加。需要指出的是，特定的风速、大气环流、地形、湿度等本来是不利于污染物扩散的自然条件，但城市规划过程中如土地利用空间结构不合理导致风道不畅，使得流经市区的风速和强度下降，静风频率上升，则是雾霾加剧的人类活动原因。因此，近年来，包括北京、上海、杭州、武汉、南京等城市进行城市风道（“清洁空气廊道”）规划，通过控制风道中建筑的密度和高度等措施，旨在引入郊区的风进入主城区从而“吹走”主城区空气中霾等污染物，以此作为治理大气污染的辅助手段之一。①

综上所述，各国或各地区雾霾是在能源消费结构和经济发展阶段（重工业为主的产业结构）等具体国情或区情的背景下，主要由燃煤引起的煤烟型污染、燃油引起的汽车尾气型污染等人类活动因素，叠加有地形、气象等自然客观因素共同形成的空气污染。与西方发达国家一般经历以二氧化硫等为主的工业源型污染阶段过渡到以氮氧化物为主的汽车尾气排放污染阶段不同，现阶段我国大气污染属于燃煤—机动车—工业排放等多类型污染、高负荷共存的重度混合型污染类型。②

二 局部地区雾霾成因

（一）京津冀及周边地区雾霾成因研究

自2017年4月历时3年，中国汇集国内2900多名环境科学、大气科学、气象科学以及行业治理等方面的优秀科学家和一线科研工作者，

---

① 央视新闻：《北京研究6条城市风道吹走雾霾》，http://m.news.cntv.cn/2014/11/21/ARTI1416556583989707.shtml，2014年11月21日。

② 贺泓、江桂斌：《科学理性认识我国的雾霾问题》，《求是》2014年第6期。

开展了包括京津冀及周边地区①在内大气重污染成因与治理攻关项目的联合研究。研究结果显示②，京津冀及周边地区大气重污染的成因主要包括以下四点。第一，远超环境承载力的污染排放强度，是京津冀及周边地区大气重污染形成的根本原因。该区域高度聚集重化工产业，以煤炭为主的能源利用方式和以公路运输为主的货运方式，导致区域内主要大气污染物排放量超出环境容量的50%以上（部分城市超出80%—150%），单位国土面积主要污染物的排放量是全国平均水平的2—5倍。受冬季供暖影响，污染物在秋冬季排放的水平更高（比平时额外增加大约30%的排放量）。第二，大气中氮氧化物和挥发性有机物浓度高，光化学反应后导致大气氧化性总体处于高位，是重污染期间PM2.5二次组分快速增长（比例能达到60%甚至更高）的关键因素。第三，不利气象条件导致了区域环境容量大幅降低，是重污染天气形成的必要条件。京津冀及周边地区位于太行山东侧和燕山南侧的半封闭地形，大气扩散条件“先天不足”，区域环境容量较小，秋冬季环境容量比春夏季容量更小。第四，本地源之外的区域传输对该区域PM2.5的影响越来越显著（重污染期间增加到35%—50%）。可以说，京津冀及周边地区每次重污染过程都可以解释为污染物本地积累、二次转化、不利气象条件以及区域传输综合作用的结果。

（二）成都区域雾霾成因研究

2017年年底，成都市大气颗粒物综合来源解析结果表明③：第一，

---

① 《京津冀及周边地区2017年大气污染防治工作方案》显示，京津冀及周边地区即京津冀大气污染传输通道，包括北京市，天津市，河北省石家庄、唐山、廊坊、保定、沧州、衡水、邢台、邯郸市，山西省太原、阳泉、长治、晋城市，山东省济南、淄博、济宁、德州、聊城、滨州、菏泽市，河南省郑州、开封、安阳、鹤壁、新乡、焦作、濮阳市（“2+26”城市）。

② 阮煜琳：《京津冀区域重污染频发根本原因公布：污染物排放超出环境容量》，http://www.chinanews.com/gn/2020/09-11/9288748.shtml，2020年9月11日。

③ 缪梦羽：《成都空气污染主要来源5大方面》，《成都日报》2017年11月23日第7版。

在 PM2.5 中，包括私家车、农业作业车、大货车等在内的移动源贡献最大，约占 27.3%；其次为燃煤和扬尘，分别约占 25.1% 和 20.8%；居民生活和工业生产分别约占 7.3% 和 6.0%。第二，在 PM10 中，扬尘贡献最大，约占 25.4%；其次为移动源和燃煤，分别约占 24.7% 和 23.3%；居民生活和工业生产分别约占 5.9% 和 5.3%。第三，从近几年源解析结果趋势来看，成都的细颗粒物浓度在全国范围内下降得比较多，重污染天数因此连年下降，空气质量变好速度相对较快。2017 年 8 月至 2018 年 3 月，由四川省企业经济促进会牵头，会同四川省环境科学院、四川大学等单位，对包括成都、德阳、绵阳、乐山、眉山、遂宁、资阳、雅安等 8 地市在内的雾霾形成原因进行了调研分析。① 研究发现，成都区域雾霾形成的主要原因有五方面②：第一，人口和产业过于集中，大气污染物排放总量超过环境承载能力。第二，机动车保有量大、增速快，由机动车排放的颗粒物、氮氧化物、挥发性有机物是雾霾形成的重要贡献者。第三，建筑工地数量不断增加，对建筑扬尘的管控未及时到位，是区域雾霾的重要贡献者。第四，大量规模以上工业企业和散乱污企业排放的煤烟尘和工业废气的复合型污染是雾霾形成的重要因素。第五，秋冬季节，成都区域静风频率高、逆温出现概率大、污染物气象扩散条件差，地理、地形和气象条件是雾霾形成的重要原因。

---

① 四川省企业经济促进会：《成都区域雾霾形成主要原因及治理现状调研报告》，收录于《四川省 2017 年度政务调研成果选编》。

② 2021 年 11 月 11—16 日，四川盆地出现该年度秋冬季首次连片污染过程，涉及 16 个城市，专家分析其背后的原因为，一是盆地内污染排放总量超过环境容量；二是盆地大气环境受一次排放和二次转化影响；三是四川盆地的特殊地形；四是不利气象条件和盆地的特殊地形共同作用下，客观降低了特定时段的环境容量，助推形成高污染，同时在高湿环境下会加快污染物二次转化。参见殷鹏《为何四川盆地冬天“气质”会反复?》，《四川日报》2021 年 11 月 28 日第 2 版。

三 雾霾的危害研究

（一）雾霾对身体健康的损害

大量流行病学和毒理学的研究业已表明，包括雾霾在内的空气污染与呼吸道、心血管、肺功能乃至中风、脑部的结构性病变等生理健康损害有密切相关关系。比如雾霾中的“超细微粒”或“纳米颗粒物”通过人体呼吸进入呼吸道，留在肺部进入血液，会引发气管炎、哮喘等呼吸道疾病，也是哮喘和慢性支气管炎反复发作的重要原因。又比如雾霾增加了罹患心脏病、动脉硬化等心脑血管疾病的概率。还比如雾霾减少了地表紫外线的摄入，导致地表面的细菌病毒微生物得以更快速繁殖，引发各种细菌性疾病。又比如空气中所含有的不完全燃烧产生的挥发性碳氢化合物（多环芳烃）诱发了人体肺部硬化甚至肺部病变的风险概率和严重程度。

从表2－1可以看出，当PM2.5浓度达到115微克/立方米即空气轻度污染时，易感人群症状轻度加剧而健康人群出现刺激症状，此时易感人群应减少长时间、高强度的户外锻炼；而当PM2.5浓度达到250微克/立方米即空气重度污染时，健康人群普遍出现症状，一般人群也要减少户外活动。不仅如此，医生们还担心在空气严重污染的情况下，住户们为防止雾霾在其房间聚集而关闭窗户，无意中却造成室内空气的“污浊”，而室内空气污染也是人体的“健康杀手”。也正因如此，室内新风系统、空气净化器等一度成为城市居民为减轻雾霾对身体健康的危害而踊跃选购的产品。

华盛顿大学健康指标及评估研究院2016年发表的《全球疾病负担研究报告》显示①：空气污染在全球最大死亡风险因素中排在高血

---

① 《中国每年空气污染死亡人数世界第一》，https：//www. sohu. com/a/58916853_115428，2016年2月15日。

压、不良饮食习惯和吸烟之后的第四位；2013 年全球有 550 多万人死于空气污染，其中中国与印度因空气污染死亡人数分别为 160 万人和 140 万人。《柳叶刀·星球健康》上发表的一篇评论文章分析了中国新冠疫情大规模隔离期间空气污染的变化以及可能由此而避免的死亡①：旨在遏制疫情的交通管制令和居家隔离等干预措施改善了空气质量（武汉的 PM2.5 浓度下降了 1.4 微克/立方米，而在 367 个城市 PM2.5 浓度下降了 18.9 微克/立方米），并因为 PM2.5 水平的下降在中国共避免了 3214 例与 PM2.5 相关联的死亡。

表 2-1　空气质量与健康影响

空气质量指数（AQI）	级别	分类		对应 PM2.5 浓度上限（μg/m³）		对健康可能影响	建议采取措施
		中国分类	美国分类	中国标准	美国标准		
0—50	一级	优	Good	35	15.4	空气污染很少或没有风险	各类人群可正常活动
51—100	二级	良	Moderate	75	40.4	异常敏感人群可能会出现呼吸系统症状	极少数异常敏感人群应减少户外活动
101—150	三级	轻度污染	Unhealthy for Sensitive Groups	115	65.4	易感人群症状有轻度加剧，健康人群出现刺激症状	儿童、老年人及心脏病、呼吸系统疾病患者应减少长时间、高强度的户外锻炼
151—200	四级	中度污染	Unhealthy	150	150.4	进一步加剧易感人群症状，可能对健康人群心脏、呼吸系统有影响	儿童、老年人及心脏病、呼吸系统疾病患者避免长时间、高强度的户外锻炼，一般人群适量减少户外运动

① 《疫情期间，中国的空气污染下降且有死亡率改善效益》，https：//www.thepaper.cn/newsDetail_ forward_ 7578447，2020 年 5 月 28 日。

续表

空气质量指数(AQI)	级别	分类		对应PM2.5浓度上限(μg/m³)		对健康可能影响	建议采取措施
		中国分类	美国分类	中国标准	美国标准		
201—300	五级	重度污染	Very Unhealthy	250	250.4	心脏病和肺病患者症状显著加剧，运动耐受力降低，健康人群普遍出现症状	儿童、老年人及心脏病、肺病患者应停留在室内，停止户外运动，一般人群减少户外运动
301—500	六级	严重污染	Hazardous	350	350.4	健康人群运动耐受力降低，有明显强烈症状，提前出现某些疾病	儿童、老年人和病人应停留在室内，避免体力消耗，一般人群避免户外活动
				500	500.4		
500+			Beyond index	无上限	无上限		

说明：

1. 空气质量指数（Air Quality Index，AQI），是一个根据空气中各种污染物的浓度值来定量描述空气质量水平的数值，取值范围一般位于0—500。

2. 由于中国正处于工业化快速发展期，中国对于PM2.5浓度限值设定标准相较于美国标准要宽松，特别是在浓度较轻时，美国的等级更为严格。

3. 据《成都市重污染天气应急预案（试行）》：未来连续72小时空气质量指数在200—300或空气质量指数在201—300和301—500交替出现，发布黄色污染预警信息，此时提醒儿童、老年人和心脏病、肺病及其他慢性疾病患者等易感人群减少户外活动；未来连续72小时空气质量指数在301—500，发布橙色污染预警信息，此时提醒儿童、老年人和呼吸道、心脑血管疾病患者等易感人群尽量留在室内，避免户外活动；未来24小时空气质量指数大于500，发布红色污染预警信息，此时提醒儿童、老年人和呼吸道、心脑血管疾病患者等易感人群尽量留在室内，避免户外活动。

（二）雾霾对心理健康的威胁

雾霾对心理健康的威胁部分取决于个体对雾霾及雾霾风险的认知。考虑到包括雾霾在内的空气污染其较低的可怕性（不会造成即刻的灾难性的后果）与较高的熟悉性（发生的频次较高），因此可能会降低人们对空气污染的警觉性。换言之，考虑到空气污染对身体健康的损害通常是一个需要长期累积并可能逐渐暴露的过程，因此这一损害具有一定的滞后性和隐蔽性。相比而言，长期暴露于包括雾霾在内的空气污染引发的强烈消极心理体验尽管没有发病率或死亡率上升等灾难性指标那样致命，但由于其对心理健康威胁的即时性和显在性更容易成为这一领域所关注的热点问题。心理学有关压力的研究表明，长时间暴露于包括空气污染在内的外部刺激（压力源），机体会经历警戒阶段、抵抗阶段以至疲劳阶段。业已进行的空气污染对心理影响的研究还表明，空气污染损害了生活满意度，降低了主观幸福感，削弱了个体对空气污染生理损害的免疫力，从而可能诱发甚至加剧空气污染对生理的损害。早在20世纪初，有心理学家就对烟雾污染进行了心理学研究，“很可能这些刺激性的、刺鼻的煤烟颗粒，以及有害的黑烟化合物，也许就是引起早衰、早逝、过劳、生病、注意力分散、不满、易怒、自控力减弱以及可能的心理失调的原因”①。

各国已有大量研究充分表明，空气污染的不良效应不仅限于生理健康损害，还涉及认知功能、情绪和行为等多方面的消极影响。② 具体而言，空气污染首先损害了长期暴露污染中受害者的认知功能。研究发现，空气污染浓度越高，言语学习、逻辑记忆和执行功能的认知测验得分越低；PM2.5浓度较高地区的中老年人在工作记忆测验中的出错率是低浓度地区的1.5倍。空气污染作为应激源，其次引发了包括抑郁、焦虑、烦扰、恐惧、愤怒等在内的消极应急情绪反应，而这些消极情绪可能会进一步降低生活满意度和损害心理幸福感。研究发现，抑郁症急诊数量、焦虑症状与空气污染浓度存在正向关系。来自英国

---

① 张君、邓美杉、许婷：《公众理解空气污染：其源起、研究和意义》，《科普研究》2017年第2期。

② 吕小康、王丛：《空气污染对认知功能与心理健康的损害》，《心理科学进展》2017年第1期；相鹏、耿柳娜、周可新、程枭：《空气污染的不良效应及理论模型：环境心理学的视角》，《心理科学进展》2017年第4期。

伦敦大学学院的一项研究表明，如果一个人在两倍于世界卫生组织建议的 PM2.5 细颗粒物限值的地区（PM2.5 年平均不超过 10 微克/立方米）至少生活 6 个月，那么其患上抑郁症的风险会增加约 10%；空气污染还通过激发更高水平的攻击性行为，诱发自杀企图，使股票投资者的行为与决策更趋向保守等方式对人类行为发生影响，一个人所暴露的 PM10 每增加 10 微克/立方米，其自杀风险高出 2%。①

发表在《美国医学协会精神病学杂志》的一项研究发现②，长期暴露于多种空气污染物中可能会增加罹患抑郁症和焦虑症的风险，且暴露—反应曲线呈非线性，曲线在低浓度处斜率较陡，在高浓度处趋于平缓。这一研究对于政策制定的意义在于，控制空气污染以减少个体在多种空气污染物下的联合暴露可能会减轻抑郁症和焦虑症的疾病负担。

麻省理工学院的研究人员基于中国最大的微博平台（新浪微博）上 2.1 亿条带有地理标记的推文内容，构建了一个 144 个中国城市居民的幸福指数，研究了这一幸福指数与每日当地空气质量指数和 PM2.5 浓度之间的动态关系。研究发现③，不同空气污染程度下的社交媒体的情感表现存在差异；情绪负面程度较高的 20 个社交媒体内容样本，全部来自 PM2.5 浓度平均超过 50 微克的地区；空气污染越严重的城市，当地居民有消极情绪的可能性越高。

（三）雾霾对户外旅游的影响

空气污染对旅游的发展造成严重的负面影响，主要体现在以下几

---

① 宗华、付嵘：《空气污染危害心理》，《中国科学报》，2019 年 12 月 27 日第 2 版。

② Yang T., Wang J., Huang J., et al., "Long – Term Exposure to Multiple Ambient Air Pollutants and Association with Incident Depression and Anxiety", *JAMA Psychiatry*, Vol. 80, No. 4, 2023, pp. 305 – 313.

③ Siqi Zheng, Jianghao Wang, Cong Sun, et al., "Air Pollution Lowers Chinese Urbanites' Expressed Happiness on Social Media", *Nature Human Behaviour*, Vol. 3, 2019, pp. 237 – 243.

方面[①]：第一，造成了旅游资源的破坏。严重雾霾的发生，导致空气能见度下降，景观效果弱化，甚至对旅游目的地植被和文物带来不可逆的破坏，从而造成旅游资源价值的直接经济损失。比如，空气污染大大加快了故宫及卢沟桥的石雕风化腐蚀速度；又比如空气污染导致峨眉山重要景观树种冷杉大面积死亡。第二，给旅游交通带来负面影响。雾霾造成的大面积航班延误甚至取消、高速公路封闭的情况时有发生。比如2016年11月4—6日，京津冀等地有中到重度霾和大雾，局地能见度不足100米，河北、天津等地多条高速公路采取临时封闭措施；首都机场和天津机场航班出现大面积延误和取消。第三，造成旅游风险感知增强和旅游体验质量受损害。雾霾在健康威胁、安全威胁、行动受限等方面造成旅客旅游风险感知增强，雾霾在情绪破坏、照片品质降低、景点吸引力削弱等方面造成旅客旅游体验质量受损害。第四，损害城市形象和国家形象。比如，研究发现以雾霾为代表的空气污染问题已在较大程度上损害了中国的旅游形象，雾霾已经成为不少欧美游客决定是否赴中国大陆旅游的重要环境因素；又比如，雾霾造成的高风险感知损害了北京的旅游形象，使得游客为规避空气污染时段而调整或取消赴北京的旅游计划，降低了游客对北京旅游的忠诚度和满意度，削弱了北京作为目的地旅游市场的需求。第五，为规避雾霾天气的反向旅游和人口迁移。比如在雾霾的持续困扰下，以躲避雾霾为主题的“避霾游”“洗肺游”等旅游产品受到一些城市居民的青睐，那些空气质量优良的国内外旅游目的地备受欢迎。进而，空气污染成为一个城市乃至一个国家吸引外资和挽留国外专业人才的绊脚石，并成为部分国内精英海外移

① 唐承财、刘霄泉、宋昌耀：《雾霾对区域旅游业的影响及应对策略探讨》，《地理与地理信息科学》2016年第5期；彭建：《雾霾对北京旅游业的影响研究》，中国旅游出版社2018年版，第20—25、47—49、55、89、148—150页。

民的重要动因。

四　雾霾治理的国内对策研究

国内很多学者从调整能源消费结构、升级产业结构、引进清洁生产技术等角度对治理雾霾提出对策建议。马丽梅等认为，长期而言，改变能源消费结构以及优化产业结构是治理雾霾的关键；而短期而言，减少劣质煤的使用是较为有效地减少雾霾污染的途径。[①] 魏巍贤等认为，推进能源结构调整与技术进步是治理雾霾的根本手段，即在加快能源清洁技术进步，提高能源利用效率的基础上并以硫税或碳税为工具降低能源强度，从而降低以 PM2.5 和 PM10 为主要构成的雾霾污染。[②] 邵帅等指出，必须转变经济发展方式，通过市场性的环境规制手段倒逼产业结构和能源结构的绿色升级，依靠市场化机制实现绿色清洁能源对传统化石能源的逐步替代。[③] 刘晓红等提出，我国东中西各区域应实施差异化的产业政策以缓解雾霾污染，其中东部地区应重点发展高技术产业和先进制造业并大力发展现代服务业，中部地区要优化第二产业结构进行工业重构，西部应加速降低第二产业比重。[④] 刘晨跃等提出，应立足于人口、土地和产业等多维视角来完善雾霾污染治理的城镇化效应和机制，实行针对性和差异化的城镇化路径；遵循产业演进规律，合理利用市场化战略和产业结构调整升级的倒逼机制来最

---

① 马丽梅、张晓：《中国雾霾污染的空间效应及经济、能源结构影响》，《中国工业经济》2014 年第 4 期。

② 魏巍贤、马喜立：《能源结构调整与雾霾治理的最优政策选择》，《中国人口・资源与环境》2015 年第 7 期。

③ 邵帅、李欣、曹建华、杨莉莉：《中国雾霾污染治理的经济政策选择：基于空间溢出效应的视角》，《经济研究》2016 年第 9 期。

④ 刘晓红、河可申：《我国城镇化、产业结构与雾霾动态关系研究：基于省际面板数据的实证检验》，《生态经济》2016 年第 6 期。

大限度地控制雾霾污染程度。[①] 雷玉桃等提出，应构建和加强区域间雾霾的联防联控和治理协同机制，降低城市间雾霾的“串门”程度；推进产城融合，以产业结构调整升级倒逼新型城镇化从而发挥产城联动的治霾优势。[②] 李力等提出，政府在引进外资时应制定严格的环境准入标准，有选择性地引入先进绿色节能技术或清洁生产技术，限制外资投入到高能耗、高污染行业中。[③]

五　对雾霾研究的简要评价

有关雾霾的普遍成因尤其是局部区域雾霾特殊成因的自然科学研究，为雾霾的预防与治理提供了有效的科学依据；有关雾霾对个体生理、心理产生的微观危害以及雾霾对交通、旅游、城市形象等宏观损害的社会科学研究，为个体和相关环保组织采取相应的防护行动以及为政府出台若干雾霾治理政策提供了充分的行动与决策参考。

雾霾的研究成果丰硕，但类似于雾霾天气尤其是持续的严重雾霾天气作为一种自然现象如何转化或发酵为一种社会现象乃至成为影响一方稳定的社会问题；在全面建设社会主义现代化国家的新发展阶段，生态环境的“局部恶劣”在多大程度上被人民选择性忽视或人民对包括良好生态环境在内的美好生活的向往多大程度上使得雾霾天气成为一个“问题”；等等。这样的问题尚没有得到确切的回应。

---

① 刘晨跃、徐盈之：《城镇化如何影响雾霾污染治理？——基于中介效应的实证研究》，《经济管理》2017 年第 8 期。

② 雷玉桃、郑梦琳、孙菁靖：《新型城镇化、产业结构调整与雾霾治理：基于 112 个环保重点城市的双重视角》，《工业技术经济》2019 年第 12 期。

③ 李力、唐登莉、孔英、刘东君、杨园华：《FDI 对城市雾霾污染影响的空间计量研究：以珠三角地区为例》，《管理评论》2016 年第 6 期。

第二节　关于社会心态的研究

一　社会心态概念的界定以及测量

长期以来，各个学科领域的学者虽然一直在使用“社会心态”这一概念，对其概念的理解和界定却没有达成广泛一致。杨宜音、马广海和胡红生等学者对社会心态的概念进行了有代表性的界定。杨宜音在“群体与个体”的分析框架下对社会心态给出定义。“社会心态是一段时间内弥散在整个社会或社会群体/类别中的宏观社会心境状态，是整个社会的情绪基调、社会共识和社会价值观的总和。”① 杨宜音认为，社会心态透过整个社会的流行、时尚、舆论及社会成员的生活感受、对未来的信心、社会动机、社会情绪等得以展现；社会心态与主流意识形态相互作用，通过社会认同、情绪感染等机制，对社会行动者产生模糊的、潜在的和情绪性的影响；社会心态来自同质性的个体心态却不是个体心态的简单相加，而是新生成的、具有本身特质和功能的心理现象，反映了个人与社会之间通过相互建构而形成的最为宏观的心理关系。基于此概念界定，杨宜音将社会心态区别于“国民心态”“民意”“舆论”“社会心理”等概念。

马广海对社会心态的概念进行了辨析。社会心态概念常在以下几种意义上使用：第一，非学术概念意义上的社会心态，如“民心”“民意”“人心”等；第二，在哲学或社会哲学意义上使用的社会心态，主要把社会心态等同于历史唯物主义的“社会心理”（较低层次的社会意识）概念；第三，基于现实经验意义上的社会心态概念，主要涉及当

① 杨宜音：《个体与宏观社会的心理关系：社会心态概念的界定》，《社会学研究》2006 年第 4 期。

前社会中各类社会群体、不同社会阶层对各种社会现象的不同认识、感受和评价等。马广海认为杨宜音从经验科学的角度对社会心态概念所下的定义使得社会心态概念的内涵更加明确，但它没有强调社会心态产生的特定社会条件，也没有对社会心态与社会心理的异同进行充分辨析。在杨宜音社会心态概念界定的基础上，马广海指出，“社会心态是与特定的社会运行状况或重大的社会变迁过程相联系的，在一定时期内广泛地存在于各类社会群体内的情绪、情感、社会认知、行为意向和价值取向的总和”①。马广海强调社会心态是社会心理的动态构成部分。

不同于杨宜音和马广海的社会心理学视角，胡红生则从社会认识论的角度对社会心态进行了界定。胡红生认为，“社会心态是某一时代、某一社会在其特定的国际、国内的经济、政治、文化等现实因素的作用下，经由以有组织的或无组织的社会群体为主的社会成员之间的相互作用而形成并且不断发展、变化的，包括各种情绪、感受、认识、态度、观点等多方面内容的、带有一定社会普遍性的共同性的心理状态和发展态势”②。胡红生认为，社会心态不同于社会心理之处在于，前者比较明显地体现出活跃的、即时性的、时代性的特征，后者则具有较为稳定的历史传承性和历史惯性；社会心态和个体心态是心态存在的两种形式，它们之间是个体主义和整体主义的分歧；社会心态和社会思潮既有联系又相互区别。

杨宜音、马广海和胡红生三人对社会心态概念界定的共同点是，都看到了社会心态与社会心理等概念间的区别和联系。不仅如此，学界对社会心态的特征也达成了一些共识，即社会心态具有宏观性、变动性、即时性、突生性。

---

① 马广海：《论社会心态：概念辨析及其操作化》，《社会科学》2008 年第 10 期。
② 胡红生：《社会心态论》，中国社会科学出版社 2008 年版，第 56—58 页。

在社会心态的测量上，代表性的研究者有杨宜音、王俊秀、马广海等人。杨宜音、王俊秀将社会心态操作化为四个二级指标，即社会认知、社会情绪、社会价值观和社会行为倾向①。其中，社会认知包括社会安全感、社会公正感、社会信任感、社会支持感、社会认同与归属感、社会幸福感、社会成就感、社会成员自我效能感、对未来的预期等；社会情绪包括社会焦虑、社会冷漠、社会愤恨、社会痛苦、社会愉悦、社会浮躁、社会贪欲等；社会价值观包括国家观念、道德观念、公民观念、公私观念、责任观念、财富观念、人际观念、权力观念、文化观念等；社会行为倾向包括公共参与行为、利他行为、歧视与排斥、矛盾化解策略、生活动力源等。根据上述指标，王俊秀等对中国社会心态进行了测量，并形成《年度社会心态蓝皮书：中国社会心态研究报告》。马广海也将社会心态操作化为社会情绪、社会认知、社会价值观和社会行为意向四个维度。② 其中，社会情绪指社会成员对各种社会现象的感情性反应或评价；社会认知指社会成员对某一社会心态对象所形成的某种共识；社会价值观是社会成员用来评价行为、事物以及从各种可能的目标中选择自己合意目标的准则；社会行为意向指行为的准备状态。根据这一操作化，马广海利用文献研究和调查研究所获得的资料，对与我国阶层分化相关联的社会心态问题进行了研究分析。③

二　转型期社会心态的表现及变动趋势

周晓虹对新中国成立后60年中国人社会心态的变迁进行了总结。④

---

① 杨宜音、王俊秀等：《当代中国社会心态研究》，社会科学文献出版社2013年版，第38—41页。

② 马广海：《论社会心态：概念辨析及其操作化》，《社会科学》2008年第10期。

③ 马广海：《我国社会转型期的阶层分化与社会心态问题研究》，山东大学，硕士学位论文，2010年。

④ 周晓虹：《中国人社会心态六十年变迁及发展趋势》，《河北学刊》2009年第5期。

周晓虹认为，由于经济基础和社会结构的巨大变化，中国人的价值观和社会心态也发生了显著的嬗变，表现为，在新中国成立后的前30年，中国人的传统社会心理经过中国共产党一系列政治运动的改造和整合，实现了分化变动到高度政治化又高度同质化的社会心态；在改革开放后的30年，中国人僵化和保守的意识形态被改革开放的伟大实践所打破从而发生了积极的嬗变，呈现出越来越理智和成熟，越来越开放和多元，越来越主动和积极，越来越具有世界意识等发展趋势。

李有发分析改革开放以来中国人社会心态的基本趋向为，社会心态中的非理性因素逐渐减少，理性因素逐渐增多；传统的身份感、地位感和归属感趋向分化和多元；心理的稳定感、方向感和未来感由迷茫渐趋增强；心理压力趋向多元；对社会公平的心理预期明显增强；不同社会群体与阶层之间的陌生感逐渐弱化，阶层认同与和谐因素日益增多。① 夏学銮分析认为，受市场交易法则的消极影响，当下世俗社会心态更多表现为浮躁、喧嚣、忽悠、炒作、炫富、装穷、暴戾、冷漠等八种负面形态。②

王俊秀基于心理健康、生活满意度、社会安全感、社会公平感、社会支持感、社会尊重与认同、社会信任、社会情绪等指标的调查，描述中国社会心态发展的态势和反映出的问题。③ 具体表现为，多层次、高标准的民众需求挑战民生工作；社会不信任的扩大化和固化成为群体冲突和社会矛盾的温床；阶层意识成为社会心态和社会行为的重心；社会群体更加分化，群体行动和群体冲突增加；社会情绪总体基调正向为主，负向情绪的引爆点低，“社会情绪反向”值得警惕；民

① 李有发：《我国社会心态的变化趋向及其相关问题》，《兰州学刊》2009年第12期。

② 夏学銮：《当前中国八种不良社会心态》，《人民论坛》2011年第12期。

③ 王俊秀：《关注社会情绪 促进社会认同 凝聚社会共识：2012—2013年中国社会心态研究》，《民主与科学》2013年第1期。

众的权利、国家和集体观念发生变化，社会共享价值缺失，社会共识难以达成。

傅金珍认为[①]，由于急剧而持续的社会变迁，社会性和精神性需求上升，经济社会发展不平衡不协调，部分群体从发展中受益的程度下降，对社会问题的心理承受能力减弱，政策调整不及时、执行不到位，典型性案例不断爆发，社会生活底线频频失守等原因，导致当前社会心态出现失衡现象，主要表现形式有因焦虑心理而引发的失意、迷茫、怨气、谩骂心态，因非理性情绪滋生、蔓延而引发的群体性事件和异向行为，因浮躁、急功近利心理而引发的不适应感、不耐烦、紧绷心态，因归属感、稳定感和公平感迷茫而引发和蔓延的弱势心态等。

姜胜洪等总结转型期社会心态变化的一些新特点，社会心态反映出深厚的民生情结；社会心态的阶层冲突特征越发明显；社会心态的“剧场效应”作用更加显现；社会排斥引发的消极社会情绪更趋复杂；网上情绪与网下情绪相互叠加，增加了社会情绪的影响能量。[②]

谢金林认为，转型时期结构化的贫富差距和断裂化的社会分层结构，引发阶层化的剥夺感、普遍的仇官仇富情结、对立化的不信任情绪在底层社会广泛蔓延，导致了严重的社会心态失衡；而现实社会心态失衡使得网络空间道德化政治抗争、网络舆论审判、网络侠客情结、网络恶搞愈演愈烈，严重扰乱了网络舆论秩序，使得非传统安全网络舆论安全问题日趋严重。[③]

朱力和朱志玲对当前社会心态的特点及变化趋势进行了分析，他

---

① 傅金珍：《社会心态失衡与治理对策研究》，《中共福建省委党校学报》2011 年第 10 期。

② 姜胜洪、毕宏音：《转型期社会心态方面存在的问题、特点及对策研究》，《兰州学刊》2011 年第 10 期。

③ 谢金林：《网络舆论社会管理新课题：培育良好的网络社会心态》，《中国青年研究》2012 年第 3 期。

们认为，20世纪90年代以来，由于贫富差距过大，社会公正失衡以及其他诸多社会问题导致社会公平感较低，不安全感、不信任感负面情绪蔓延，普遍的无力感，官民对立、贫富对立情绪较突出。朱力等预测，未来民众的不公平感、官民对立情绪、社会怨恨情绪将有所缓解，高强度、高烈度的宣泄型集体行动将逐渐减少；而贫富对立、网络中的批评、指责将成为常态。①

有学者把社会转型期不良社会心态概括为群体性怨恨心态、浮躁功利心态、焦虑悲观心态、娱乐泛化心态和极端偏执心态。② 还有学者对新中国成立以来的社会心态变迁进行了历时分析。将新中国成立到改革开放、改革开放到20世纪90年代末以及90年代末以来，这三个时期社会心态的特点分别概括为政治激情、经济热情和多元调整。政治激情表现为革命精神与英雄主义；经济热情以渴望改善生活和积累财富为特征；多元调整则体现为众多心态并存，人们热衷于表达自我但缺少共识性认同。③

三　特定群体的社会心态

（一）大学生或青年的社会心态

朱新秤等基于北京、武汉、广州三地的数据对当代大学生的社会心态与观念进行了调查与思考。④ 其特点表现为，在个人信仰方面，当代大学生存在信仰缺失和个人追求功利化的倾向；在人生价值方面，当代大学生主张“积极奉献、合理索取”；在个人发展方面，当代大学

---

① 朱力、朱志玲：《当前社会心态的特点及变化趋势》，《人民论坛》2015年第12期。

② 张介平：《社会转型时期哪些不良社会心态亟待纾解》，《人民论坛》2017年第19期。

③ 王建民：《从“激情”到“调整”：试论宏观社会心态的变迁》，《人文杂志》2017年第12期。

④ 朱新秤、邝翠清：《当代大学生的社会心态与观念：北京、武汉、广州三地的调查与思考》，《青年探索》2010年第4期。

生具有强烈的自主意识，但依赖感仍然存在；在人际关系和婚恋观方面，当代大学生以传统观念为主，但对不同观点持开放态度；在金钱观方面，当代大学生表现出理性、务实的心态；在对大学生活的感受方面，当代大学生满意度一般，常有负面情绪出现。朱新秤等还认为，大学生社会心态是大学生对社会现实的自发反应和主观感受，是当代大学生所处的特殊社会历史环境和身心发展状况综合作用的结果，社会经济环境、文化传统、大学教育是影响大学生社会心态变化的客观原因，大学生自身的心理特点是影响大学生社会心态主观方面的因素。

潘泽泉等基于流行语的变迁，描述了当代中国青年社会心态特点及其变迁趋势。① 具体而言：民族心态方面表现为民族自信心、民族自豪感和认同感逐渐增强，呈现出理性化特征；政治心态方面表现出对政治的积极参与和对政治的关注度提升，要求自由民主和公平正义的呼声日益高涨；职业心态方面呈现希望与失落、自信与无奈并存的特点；婚姻爱情方面表现出更加理性、开放，在追求纯真、自由的爱情同时却又表现出缺乏家庭责任感和社会责任感的心态；生活心态方面表现出乐观与消极、反叛和传统、幽默与严肃并存，既积极向上，又玩世不恭；价值观念呈现出以自我为中心、多元价值观并存的局面；教育心态方面既对教育抱有很高的认同和期望，同时又对中国现行的教育环境表示不满；人际关系心态呈现个人化、利益化、理智化和互斥化的状态，缺乏信任。进一步，潘泽泉等指出当代青年群体顺向的社会心态变迁处于主导地位，逆向的社会心态变迁也日益凸显。

有研究者总结新时代大学生社会心态具有政治态度积极与人际关系冷漠并存、负面情绪增多与价值取向功利化并存、竞争意识增强与焦虑浮躁心理并存等特点，并认为多元文化思潮带来价值多元、主体

---

① 潘泽泉、李超峰：《流行语与当代中国青年社会心态变迁》，《中国青年研究》2010年第9期。

自身特点导致认知偏差、网络信息时代诱发双重影响是上述社会心态形成的主要原因。① 甘乐基于“事件—心态”的分析方法，总结2011年中国青年社会心态的主要状况和问题，国家归属感和民族自豪感与日俱增，对社会道德滑坡问题表现出不满情绪，对新兴草根媒介——微博的热衷与追捧，运用大众传媒来展示自我诉求，对日常见闻的调侃性和娱乐性心态增强；这些状况反映出青年社会心态中的畸形价值观导致了某种炫富心态，各种挫折感引发青年社会泄愤情绪的外显，青年择业上在“薪资—兴趣”取向之间呈现徘徊，青年婚恋上在“利益—情感”取向之间显示冲突，青年在健康上表现出知与行的脱节状态等方面的问题。②

有研究者对青年群体的“屌丝”心态进行了分析，受多元思潮汹涌泛滥、网络媒体推波助澜、社会矛盾凸显的消极后果以及草根时代的自我认同焦虑的影响，当代青年表现出财富拥有中一无所有的自嘲心态、追求爱情中知音难觅的无奈心态、改变现状时渺茫无助的无力心态等“屌丝”社会心态。③ 李伟等分析认为，受制度体制转型造成的利益冲击、文化多元化发展带来的价值冲突、主体意识不够成熟导致的认知偏差以及网络媒体广泛应用的负面效应等因素影响，转型期大学生表现出炫富心理作祟与仇富心理滋生、怀旧心理泛化与弱势心态萌生、焦虑情绪的纠缠与倦怠心态的困扰、对“体制内”的盲目迷恋与对政府公信力的非理性质疑等不良社会心态。④ 董扣艳基于“丧文化”现象透视了青年社会心态：“丧文化”表征了某些消极的社会心

---

① 彭陈、李宝艳：《新时代大学生社会心态具体表现及培育路径研究》，《现代教育科学》2018年第3期。

② 甘乐：《2011年中国青年的社会心态》，《当代青年研究》2012年第3期。

③ 侯丽羽：《从屌丝流行看当代青年的社会心态》，《当代青年研究》2013年第1期。

④ 李伟、王桂菊：《转型期大学生不良社会心态的表现成因与治理》，《中国青年研究》2013年第9期。

态，表意背后隐藏着青年群体真实的生存样貌，呈现了青年群体在深刻社会变革中复杂多样的社会心态，社会焦虑、相对剥夺感、发展效能感。形成这种丧文化的原因主要是转型时期风险社会的不确定性、市场经济条件下情感的过度消费。①

袁文华对“佛系青年”社会心态的特征及其原因进行了描述与解释。② 文章认为，“佛系青年”表面上反映了当代青年看淡一切、不争不抢、怎么都行的生活态度，实则透露出社会转型期青年一代理性与随性并存的精神特质，进取与焦虑共生的心理状态，务实与逃避交织的价值取向。“佛系青年”这一心态的流行既是社会转型期的心态震荡，“低欲望社会”的心理映射，同时也有青年认同危机的内在发酵和自媒体环境的外在助力等多种因素共同造成。卜建华等对“佛系青年”群像的社会心态进行了诊断。③ 文章认为，社会感受与预期的差距导致青年群体的焦虑心；现实社会中的消极情绪能量诱发群体情绪感染导致青年群体的颓丧心态；弱者心态泛化催生群体价值认同导致青年群体的妥协心态是在集体表征与个体认同的相互作用下产生的。

王佳鹏通过分析 2008—2017 年网络流行语的传播方式、传播内容及其变化，透视出中国青年的社会心态变迁。④ 文章认为，网络流行语的传播途径和传播范围虽然日益多元而广泛，但其传播内容逐渐从政治领域、公共问题转向生活领域和娱乐问题，反映出中国青年社会心态从负能量为主转向正能量为主，从政治嘲讽转向生活调侃；而发生这种转变的根本原因在于，青年群体在国家网络治理、主流社

---

① 董扣艳：《丧文化现象与青年社会心态透视》，《中国青年研究》2017 年第 11 期。

② 袁文华：《“佛系青年”社会心态的现实表征与培育路径》，《当代青年研究》2019 年第 2 期。

③ 卜建华、孟丽雯、张家伟：《“佛系青年”群像社会心态诊断与支持》，《中国青年研究》2018 年第 11 期。

④ 王佳鹏：《从政治嘲讽到生活调侃：从近十年网络流行语看中国青年社会心态变迁》，《中国青年研究》2019 年第 2 期。

会渗透、媒介技术发展等多股势力面前所做出的被动调整或主动适应。

邓志强对改革开放40年中国青年社会心态的变迁进行了详尽的梳理。[①] 文章认为，青年的社会心态嬗变与中国社会结构变迁过程具有内在契合性；改革开放40年现代化进程投射到青年社会心态的嬗变轨迹上，表现为现代社会心态经由萌生、徘徊、复苏、发展到不断成熟五个阶段的发展过程；在社会心态的现代性嬗变过程中，中国青年传统性和现代性社会心态特质并存，积极的和消极的社会心态并存。

（二）农村进城务工人员或流动人口的社会心态

许传新基于问卷调查分析认为，受相关制度的枷锁、与参照群体的巨大反差、多层次需要无法得到满足等因素的影响，相当部分新生代农村进城务工人员存在相对剥夺感、社会差异感、社会距离感、混乱的身份认同以及社会不满情绪等不良社会心态。[②]

刘启营基于问卷调查，对新生代农村进城务工人员在经济社会发展、社会关系、文化生活、政治生活、情感心理及主体意识、个人发展等层面的社会心态状况进行了考察。[③] 刘启营认为，新生代农村进城务工人员社会心态总体呈现健康、积极向上、理性平和的心态，也呈现出与传统农村进城务工人员相异的特点，部分领域则存在消极、不健康的社会心态。李升等以2005年和2013年对北京流动人口的两次调查数据为基础，对流动人口社会心态的状况进行了分析。[④] 李升等认

---

① 邓志强：《改革开放以来中国青年社会心态的现代性嬗变》，《中国青年研究》2018年第4期。

② 许传新：《新生代农民工城市生活中的社会心态》，《社会心理研究》2007年第1期。

③ 刘启营：《新生代农民工社会心态及其影响因素》，《当代青年研究》2012年第10期。

④ 李升、黄造玉：《流动人口的社会心态研究：基于2005年与2013年北京两次调查数据比较》，《调研世界》2016年第8期。

为，流动人口的社会心态呈现出“变动性—稳定性”“积极性—消极性”“城市性—农村性”特征并存的特点。

（三）其他群体的社会心态

有学者对高校教师的社会心态进行了调查分析。比如徐萍萍等基于江苏高校教师的调查认为，在社会转型的历史背景下，高校教师由于受到一些不良社会风气的影响，社会心态出现了一定偏差，表现为法制意识薄弱、政治参与性低、仇富仇官和怀旧情绪等。① 但总的来说其心态基本良好，价值取向积极，社会情绪乐观，具有比较清醒的社会认识，强烈的责任意识，积极的道德践行，等等。也有学者对边疆民族地区民众的社会心态进行了研究，认为社会转型过程中，由于结构化的贫富差距以及固化的社会分层导致边疆民族地区民众的弱势意识和底层情结交织，干群关系对立与不信任情绪蔓延以及群体怨恨心理和极端性心境的共存的失衡性社会心态；社会心态的这种失衡使得个体性的道德诉冤、媒体性的舆论审判以及群体性的暴力抗争愈演愈烈，严重威胁着边疆民族地区的社会稳定。② 吴蓓等分析了全面从严治党新常态下领导干部的负面心态，由于在主观上价值观扭曲衍生消极心态、能力不足加剧心理压力，客观上新常态制度变革对固化的为政观念、行为模式构成挑战、社会结构急剧变迁引发复杂心态、官场亚文化与现代政治生态文化失调等原因，领导干部出现懒政无为、弱势消沉、焦虑抑郁等心态。③ 李春玲分析了中产阶级的心态以及产生根源，认为中国中产阶级的成长，一直伴随着某种程度的不安全感和焦

---

① 徐萍萍、马向真：《社会转型期高校教师的困惑与应对：基于江苏高校教师社会心态的调查分析》，《高教探索》2011 年第 6 期。

② 刘建华：《从“失衡”到“怨恨”：转型时期边疆民族地区民众社会心态研究》，《云南民族大学学报》2016 年第 4 期。

③ 吴蓓、陆树程：《全面从严治党新常态下领导干部负面心态矫治》，《党政论坛》2016 年第 15 期。

虑心态，且在最近几年进一步增长和蔓延。[①] 快速的经济增长，与相对滞后的社会、文化、道德价值及政治领域变化演进之间的错位，是中产阶级不安全感和焦虑心态产生的深层根源。政府政策缺位以及对中产阶级诉求反应迟缓，也加剧了中产阶级的不安全感和焦虑心态。此外，还有学者对中产过渡阶层的矛盾心理进行了分析，受职业发展机会受阻和消费主义价值观的影响，中产过渡阶层的矛盾心态表现为获得感和无力感并存、权威意识和权利意识并存、保守行动和激进行动并存。[②]

四　特定事件下的社会心态

由于匿名、模仿、感染、暗示、顺从等心理因素的作用，群体中的个体会丧失理性和责任感，表现出冲动而具有攻击性等过激行动。有学者认为，我国突发事件所表现出来的社会群体心理有借机发泄、逆反、表现欲和英雄情结、盲目从众、法不责众等心理特征。[③]

应小萍等探讨了灾难情境下人们的社会心态的变化规律以及特点[④]：在生物学层面，灾难后的心理变化源于前额叶的高级认知控制功能在受到应激作用损伤的情况下，脑的功能模式转变为以杏仁核的情绪功能为主导的改变，这意味着思维和行动的灵活性下降并且更趋保守和情绪化；在心理学层面，灾难后的心理行为变化被视为一种进化心理学和精神分析理论双重意义上的心理原始化过程，它意味着在

---

① 李春玲：《中国中产阶级的不安全感及焦虑心态》，《文化纵横》2016 年第 4 期。

② 葛天任：《中产过渡阶层的矛盾心态及其原因刍议》，《江苏社会科学》2017 年第 2 期。

③ 于建嵘：《把握突发事件中的社会群体心理》，《思想政治工作研究》2010 年第 9 期。

④ 应小萍：《灾难情境下的社会心态研究：生物心理社会研究思路与方法》，《哈尔滨工业大学学报》（社会科学版）2012 年第 6 期。

遭遇灾难之后人们的心理行为方式将退回到物种、种族或者个人发展或进化的更早期阶段，从而表现出更加迷信、保守、思维简单化乃至高攻击性等特点；在社会文化层面，灾难后的心理变化被视为一种社会文化心态模式从“平时状态”向“灾难应急模式”的转换，这一过程会受到特定的历史文化条件的制约和修饰，而其核心则在于维护和提升受到灾难严重威胁的心理控制感。

（一）SARS 危机下的大众社会心理

2003 年年初，在广东、香港等地出现非典型肺炎（SARS，严重急性呼吸综合征）疫情后，短短半年时间内蔓延到包括香港和台湾在内的全国 20 余省份并影响到全球近 30 个国家。有学者对 SARS 危机引发的大众社会心理和行为进行了总结：过度恐慌、盲目从众、迷信、侥幸麻痹、投机取巧、流言传播等。[①]也有学者对 SARS 危机下的传言进行了社会心理学的分析：SARS 病毒的肆虐并不是一个简单的医学或流行病学问题，同时也是一次严重的社会危机；在这一危机发生和波及的前后半年时间里，全国 10 多个省市都先后出现了大规模的流言和谣言的传播现象，以及以抢购、群体性惊恐、民工和大学生无序溃散为主要表现形态的强烈的不合作和不合理的社会恐慌现象；传言是社会上传播的没有充分证据的信息，是人的心理失常、传播者的再创造和民间文化传统的利用三个因素共同作用的结果。[②]

（二）汶川地震后民众社会心态

2008 年汶川地震发生后，中国科学院心理学研究所科研人员为

---

① 牛芳：《2003 年 SARS 危机对中国大众社会心理的影响研究》，2004 年第 28 届国家心理学大会论文。

② 周晓虹：《传播的畸变：对“SARS”传言的一种社会心理学分析》，《社会学研究》2003 年第 6 期。

准确了解和掌握灾后民众社会心理状况对灾区进行了调查研究。①他们发现，灾区民众的心理和谐水平显著低于全国和西部地区的平均水平，汶川大地震对民众的心理和谐状态产生了负面影响，且这种负面影响随时间推移而逐渐加重。在汶川地震10周年之际，有研究者对灾区群众的社会心态进行了调查研究。②文章认为，灾区群众的社会心态展现出开放包容与相对剥夺感共生，积极乐观与焦虑迷茫相伴，自力更生与“等靠要”的依赖心理并存，感恩奋进与安于现状、不思进取的小农心态交织等积极与消极并存的特点。文章并认为现阶段收入水平是影响灾区群众社会心态的根本性因素，政策及政策执行因素对灾区群众社会心态的影响既有正向作用也有负向作用，灾区群众长期以来形成的“关系观念”、社会认知、比较心理对其社会心态也产生了潜在的影响。在此基础上，文章提出诸如提高灾区群众就业质量，鼓励灾区群众自主创业，大力发展现代化农业、旅游业等方式增加灾区群众收入，加强基层干部作风建设，加强信息公开和宣传以及引导灾区群众有序进行政治参与等方式消除政策执行过程中的误解和不解，加强对灾区群众的思想引导，弘扬抗震救灾精神等引导灾区群众树立积极健康社会心态的若干对策建议。

（三）新冠疫情下的社会心态

2020年年初，武汉市开始暴发新冠疫情，这次疫情是新中国成立以来我国发生的传播速度最快、感染范围最广、防控难度最大的一次重大突发公共卫生事件。中国社会科学院社会学研究所社会心理学研

---

① 李晨：《汶川民众心理和谐受到地震负面影响》，《科学时报》2009年2月10日第A1版。

② 王雪：《汶川特大地震灾区群众社会心态研究》，西南交通大学，硕士学位论文，2019年。

究中心对疫情防控中的社会心态进行了持续调查。① 调查认为，受疫情紧急和风险程度高的影响，疫情下的社会心态往往表现得更为突出和外显，更容易随着事态发展而快速发生变化，更容易受民众普遍担忧、恐惧等负向情绪的影响和干扰，从而表现出一定的认知偏差、态度偏颇、行为异常等特征。调查还认为，信息、信任、信心是疫情防控下社会心态的核心影响因素，其中公开透明的信息是积极社会心态调控的基础和着力点，信任是不确定环境下社会秩序的保证，信心是社会心态中真正凝聚社会力量、同心抗击疫情最宝贵的资源。河南省心理协会针对疫情时期的河南省民众社会心态进行了问卷调查。② 调查表明，河南省民众对疫情高度关注，预防措施执行到位，团结凝聚齐心抗疫，但部分民众出现应激心理反应和非理性行为，有接受心理援助的需要。

五　对社会心态研究的简要评价

对改革开放以来特别是近 10 多年来国内社会心态研究成果的梳理，可以发现：第一，在研究性质上既有社会心态理论方面的研究，也有社会心态实证方面的研究；第二，在研究跨度上，既有社会心态的共时平面研究，也有社会心态的历时变迁研究；第三，在研究对象上，既有以青年、大学生为主要对象的心态研究，也有包括干部、农民工、流动人口、中产阶级为对象的心态研究；第四，在研究内容上，学界特别注重重大事件或社会热点对于民众心态的影响研究。有关社会心态的研究成果尽管丰硕，但也存在一些遗憾。比如经典而有影响

---

① 王俊秀：《信息、信任、信心：疫情防控下社会心态的核心影响因素》，《光明日报》2020 年 2 月 7 日第 11 版；王俊秀、应小萍：《认知、情绪与行动：疫情应急响应下的社会心态》，《探索与争鸣》2020 年第 4 期。

② 河南省心理学会：《新型冠状病毒肺炎疫情时期的河南省民众社会心态》，《心理研究》2020 年第 1 期。

的实证研究还较为缺乏，很多关于某个群体社会心态的共时或变迁特征描述主要基于研究者的一些定性判断而缺少经验证据，这就使得相关研究结论似是而非甚至不同研究之间的结论截然相反，缺少研究者之间的对话。又如，很多研究局限于社会心态现象的描述而缺乏心态生成深层机制的探讨和分析，更谈不上社会心态理论上的抽象。再如，很多研究者给出的有关心态调适的建议或由于泛泛而谈或由于大而无当对于实际工作没有操作性和针对性。

第三章　城市居民社会心态的空气质量基础

相比于对天气的认知及个体与环境的互动来说，雾霾天气本身不是决定这一天气下社会心态的唯一因素甚至不是决定性因素，但不能否认空气质量是影响雾霾天气下城市居民社会心态的客观性或前置性因素。在特定时间和特定地点中包括烟尘、总悬浮颗粒物、可吸入颗粒物（PM10）、细颗粒物（PM2.5）、二氧化氮、二氧化硫、一氧化碳、臭氧、挥发性有机化合物等空气中污染物浓度的高低是判断空气质量好坏的标准。2012 年 3 月国家发布的新空气质量评价标准将二氧化硫、二氧化氮、PM10、PM2.5、一氧化碳和臭氧作为检测的 6 项污染物；六项污染物浓度均达标即为环境空气质量达标。

第一节　全国环境空气质量总体改善

自 2013 年开始，中国多地出现空气质量指数爆表，其中华北、黄淮、华东、华南北部等地出现持续 20 多天的雾霾。2013 年，全国城市环境空气质量不容乐观①：一是 PM10 平均浓度为 118 微克/立方

---

① 生态环境部：《中国生态环境状况公报》（2013），第 21—22 页。

米，达标城市仅占74个城市（京津冀、长三角、珠三角等重点区域及直辖市、省会城市和计划单列市）中的14.9%。二是PM2.5平均浓度为72微克/立方米，达标城市仅占74个城市的4.1%。三是74个城市空气质量平均达标天数比例仅占60.5%，其中优、良级别天数比例分别为12.9%、47.6%；平均超标天数为39.5%，其中轻度污染、中度污染、重度污染、严重污染级别天数比例分别为22.9%、8.0%、6.2%、2.4%。四是京津冀和珠三角区域所有城市六项污染物均未达标，长三角区域仅舟山市全部达标。五是中国气象局基于能见度的观测结果显示2013年全国平均霾日数为35.9天，比上年增加18.3天，为1961年以来最多。频繁发生的雾霾天气是中国多年来粗放式发展导致环境问题不断累积的结果，给广大人民群众的身心健康带来极为不利的影响，给中国的经济社会发展也带来巨大的挑战。

针对严峻的大气环境形势，中国政府将大气污染治理摆上重要议事日程。2013年9月，国务院发布《大气污染防治行动计划》①（即“大气十条”），旨在通过“加大综合治理力度，减少多污染物排放”“调整优化产业结构，推动产业转型升级”“加快企业技术改造，提高科技创新能力”“加快调整能源结构，增加清洁能源供应”“严格节能环保准入，优化产业空间布局”“发挥市场机制作用，完善环境经济政策”“健全法律法规体系，严格依法监督管理”“建立区域协作机制，

① 《中华人民共和国大气污染防治法》最早施行于1988年6月1日，最新修正于2018年10月26日；调查所在城市《北京市大气污染防治条例》经2014年1月22日北京市第十四届人民代表大会第2次会议通过，于2014年3月1日起施行；调查所在城市《成都市大气污染防治条例》于2021年6月18日由成都市第十七届人民代表大会常务委员会第二十七次会议通过，2021年7月29日经四川省第十三届人民代表大会常务委员会第二十九次会议批准，自2021年10月1日起施行。2021年11月2日，为进一步加强生态环境保护，深入打好污染防治攻坚战，中共中央、国务院印发《关于深入打好污染防治攻坚战的意见》，提出“加快推动绿色低碳发展”“深入打好蓝天保卫战”“深入打好碧水保卫战”“深入打好净土保卫战”“切实维护生态环境安全”“提高生态环境治理现代化水平”等意见。

统筹区域环境治理”“建立监测预警应急体系，妥善应对重污染天气”“明确政府企业和社会的责任，动员全民参与环境保护”等十条措施，实现到2017年，全国地级及以上城市可吸入颗粒物浓度比2012年下降10%以上，优良天数逐年提高；京津冀、长三角、珠三角等区域细颗粒物浓度分别下降25%、20%、15%左右，其中北京市细颗粒物年均浓度控制在60微克/立方米左右等目标。这是中国政府坚决向污染宣战、系统开展污染治理的重大战略部署。

《中国空气质量改善报告（2013—2018年）》显示①：2013—2018年，中国多项大气污染物浓度实现了大幅下降，全国环境空气质量总体改善。首批实施《环境空气质量标准》的74个城市，PM2.5平均浓度下降42%，二氧化硫平均浓度下降68%。重点区域环境空气质量也得到明显改善，京津冀、长三角和珠三角地区2018年PM2.5平均浓度分别比2013年下降了48%、39%和32%。北京市PM2.5大幅下降，从89.5微克/立方米下降到51微克/立方米。主要大气污染物排放总量显著减少，2013—2018年，中国氮氧化物和二氧化硫排放总量分别下降28%和26%。根据《环球时报》转引自美国有线新闻网（CNN）的报道②，随着中国政府开始严格应对空气污染问题，中国大气中的污染细颗粒物在2013—2017年出现了明显减少，其中PM2.5这种细颗粒物减少得颇为显著（从61.8微克/立方米到42微克/立方米，下降32%），从而挽救了数十万条生命；而导致PM2.5下降、空气质量转好的最主要因素还是中国政府的减排政策。

2013年发布的《大气污染防治行动计划》确定的各项空气质量改善目标尽管阶段性地全面实现，但中国大气污染形势仍然不容乐观，

---

① 生态环境部：《中国空气质量改善报告（2013—2018年）》，http：//www.mee.gov.cn/xxgk2018/xxgk/xxgk15/201906/t20190606_705778.html，2019年6月6日。

② 生态环境部：《中国生态环境状况公报》（2013），第21—22页。

个别地区污染仍然较重。京津冀地区仍然是全国环境空气质量最差的地区，河北、山西、天津、河南、山东5省市优良天气比例仍不到60%，汾渭平原近年来大气污染不降反升，反弹比较厉害。2018年7月，国务院发布《打赢蓝天保卫战三年行动计划（2018—2020）》，旨在通过调整优化产业结构，加快调整能源结构，积极调整运输结构，优化调整用地结构，实施重大专项行动，强化区域联防联控，经过3年努力，大幅减少主要大气污染物排放总量，协同减少温室气体排放，进一步明显降低细颗粒物（PM2.5）浓度，明显减少重污染天数，明显改善环境空气质量，明显增强人民的蓝天幸福感。这是中国政府旨在为加快改善环境空气质量，为群众留住更多蓝天而部署的又一项污染防治行动计划。

《打赢蓝天保卫战三年行动计划（2018—2020）》实施以来取得了明显的成效。来自生态环境部的数据显示[①]：第一，2021年全国168个地级及以上城市（包含京津冀及其周边地区、长三角地区、汾渭平原、成渝地区、长江中游、珠三角地区等重点区域以及省会城市和计划单列市）平均优良天数比例为81.9%，比2020年上升1.4个百分点，其中优、良级别天数比例分别为27.6%、54.3%；平均超标天数比例为18.1%，其中轻度污染、中度污染、重度污染、严重污染级别天数比例分别为14.1%、2.6%、0.9%、0.5%。第二，2021年全国168个地级及以上城市PM2.5整体年均浓度继续下降至35微克/立方米，同比下降4微克/立方米，降幅为10.3%；PM10整体年均浓度下降至61微克/立方米，同比下降3微克/立方米，降幅为4.7%。第三，三大重点区域PM2.5改善明显，浓度同比降幅均在10%以上。其中京津冀及周边地区年均浓度降至43微克/立方米，降

① 生态环境部：《中国生态环境状况公报》（2021），第10—14页。

幅为 18.9%；长三角地区年均浓度降至 31 微克/立方米，降幅为 11.4%；汾渭平原年均浓度降至 42 微克/立方米，降幅为 16.0%。第四，三大重点区域 PM10 改善也比较明显。其中京津冀及周边地区年终浓度降至 78 微克/立方米，同比降幅为 11.4%；长三角地区与 2020 年相同，维持在 56 微克/立方米；汾渭平原降至 76 微克/立方米，同比降幅为 8.4%。

第二节　环保重点城市空气质量有所好转

来自《中国统计年鉴》的数据表明党的十八大以来环保重点城市空气质量总体向好的趋势。表 3－1 展示了 2013—2021 年北京市、成都市以及全国其他主要城市平均空气质量情况。其中含二氧化硫（SO_2）年平均浓度、二氧化氮（NO_2）年平均浓度、可吸入颗粒物（PM10）年平均浓度、一氧化氮（NO）日均值第 95 百分位浓度、臭氧（O_3）日最大 8 小时第 90 百分位浓度、细颗粒物（PM2.5）年平均浓度、空气质量达到及好于二级（二级以上）的天数等七方面指标。

从 PM10 年平均浓度指标来看，2013—2018 年，成都市和北京市年平均浓度大多数年份均高于同期全国其他主要城市平均水平；2019—2021 年，成都和北京两市与全国其他主要城市平均持平。除北京市个别年份有所反复外，2013—2021 年其他主要城市平均和成都市的数据均呈下降趋势；其中成都市 PM10 从 2013 年的 150 微克/立方米下降到 2021 年的 61 微克/立方米，下降了 59%；北京市 PM10 从 2013 年的 108 微克/立方米下降到 2021 年的 55 微克/立方米，下降了 49%；成都市比北京市下降的幅度更大，如图 3－1 所示。

表 3－1　　环保重点城市北京市、成都市及全国其他主要城市平均空气质量情况（2013—2021）

城市	年份	SO_2 (ug/m³)	NO_2 (ug/m³)	PM10 (ug/m³)	NO (mg/m³)	O_3 (ug/m³)	PM2.5 (ug/m³)	二级以上（天）	全年比重（%）
北京	2013	26	56	108	3.4	188	89	167	45.8
	2014	22	57	116	3.2	200	86	168	46.0
	2015	14	50	102	3.6	203	81	186	51.0
	2016	10	48	92	3.2	199	73	198	54.2
	2017	8	46	84	2.1	193	58	226	62.0
	2018	6	42	78	1.7	192	51	227	62.2
	2019	4	37	68	1.4	191	42	240	65.8
	2020	4	29	56	1.3	174	38	276	75.6
	2021	3	26	55	1.1	149	33	288	79.0
成都	2013	31	63	150	2.6	157	96	139	38.1
	2014	19	59	123	2.0	147	77	216	59.2
	2015	14	53	108	2.0	183	64	211	57.8
	2016	14	54	105	1.8	168	63	214	58.6
	2017	11	53	88	1.7	171	56	235	64.4
	2018	9	48	81	1.4	167	51	251	68.8
	2019	6	42	68	1.1	160	43	287	78.6
	2020	6	37	64	1.0	169	41	280	76.7
	2021	6	35	61	1.0	151	40	299	82.0

续表

城市	年份	SO_2 (ug/m³)	NO_2 (ug/m³)	PM10 (ug/m³)	NO (mg/m³)	O_3 (ug/m³)	PM2.5 (ug/m³)	二级以上 (天)	全年比重 (%)
全国其他主要城市平均	2013	35	44	109	2.3	138	66	233	63.8
	2014	37	39	108	2.3	135	64	232	63.6
	2015	29	37	96	2.2	143	56	256	70.1
	2016	25	37	90	2.0	148	52	268	73.4
	2017	21	38	83	1.9	161	49	263	72.1
	2018	16	36	77	1.6	162	44	270	74.0
	2019	11	37	69	1.5	159	39	284	77.8
	2020	10	33	61	1.4	147	36	305	83.6
	2021	9	31	58	1.2	145	32	309	84.7

说明：全国其他主要城市是指除北京与成都两市外的其他26个省会城市和3个直辖市。

资料来源：据中国统计年鉴（2014—2022）整理。

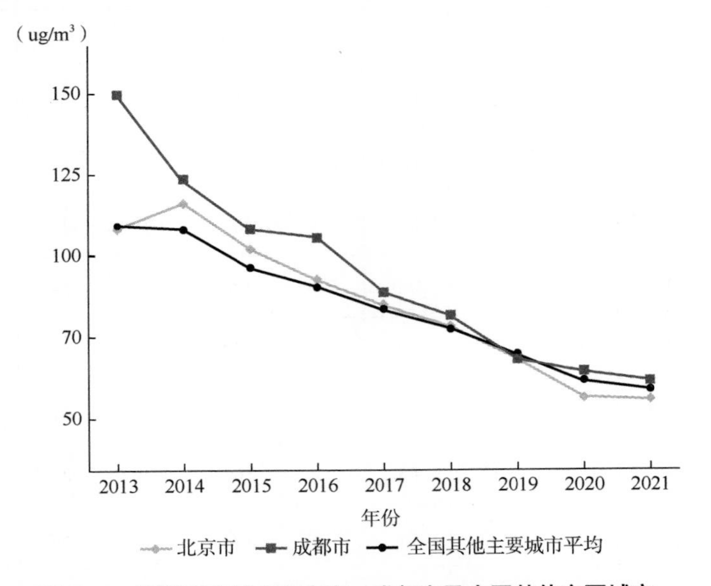

图3－1 环保重点城市北京市、成都市及全国其他主要城市PM10年平均浓度（2013—2021）

从 PM2.5 年平均浓度指标来看，2013—2021 年，成都市和北京市年平均浓度高于同期全国其他主要城市平均水平；2018 年后，两市与全国其他主要城市平均值的浓度差收窄；全国其他主要城市平均、北京市和成都市的浓度数据均呈下降趋势。其中成都市 PM2.5 从 2013 年的 96 微克/立方米下降到 2021 年的 40 微克/立方米，下降了 58%①；北京市 PM2.5 从 2013 年的 89 微克/立方米下降到 2021 年的 33 微克/立方米，下降了 63%；北京市比成都市的下降幅度更大，如图 3－2 所示。

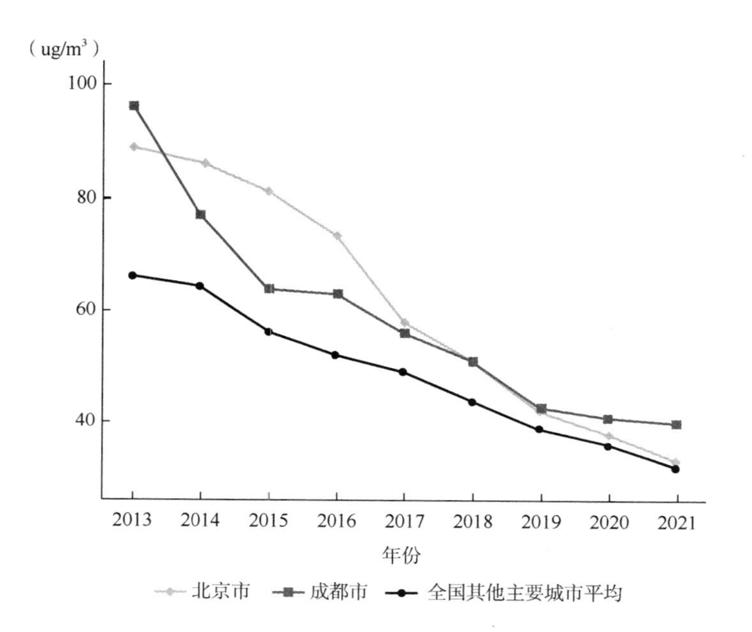

图 3－2　环保重点城市北京市、成都市及全国其他主要城市 PM2.5 年平均浓度（2013—2021）

① 成都市环境保护科学研究院的数据显示，2020 年成都市 PM2.5 年均浓度为 41 微克/立方米，较 2015 年累计下降 36%，超额完成“十三五”四川省下达的约束性指标。与此同时，摄影爱好者用镜头记录雪山（四姑娘山）的次数越来越多，空气质量显著改善，展现了“雪山下的公园城市”的城市新品牌，生态环境持续改善的“成都经验”被生态环境部点赞。

从空气质量达到及好于二级的天数指标来看，2013—2021 年，成都市天数多于同期北京市天数（2013 年除外），全国其他主要城市平均天数多于成都市天数（2019 年除外）；除个别年份有所反复外，全国其他主要城市平均、北京市和成都市的数据均呈上升趋势。其中成都市空气质量达到及好于二级的天数从 2013 年的 139 天上升到 2021 年的 299 天，上升了 115%；北京市空气质量达到及好于二级的天数从 2013 年的 167 天上升到 2021 年的 288 天，上升了 72%；成都市比北京市上升的幅度更大，如图 3－3 所示。

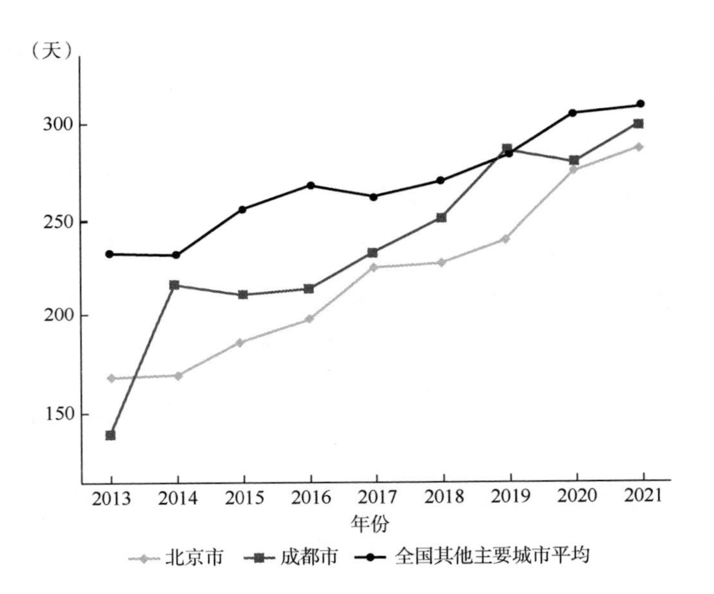

图 3－3　环保重点城市北京市、成都市及全国其他主要城市平均空气质量达到及好于二级的天数（2013—2021）

对表 3－1 中的数据进行双变量之间相关系数的统计发现，见表 3－2。第一，可吸入颗粒物（PM10）与二氧化硫、二氧化氮、一氧化氮、细颗粒物（PM2.5）之间均呈强正相关，相关系数分别为 0.749、0.852、0.722、0.926；第二，细颗粒物（PM2.5）与二氧化硫、二氧化氮、可吸入颗粒物（PM10）、一氧化氮之间均呈强正相关，相关系数分别为0.611、0.880、0.926、0.879；第三，空气质量（二级以上天数）与二氧化氮、可吸入颗粒物（PM10）、一氧化氮、臭氧、细颗粒物（PM2.5）之间均呈强负相关，相关系数分别为-0.867、-0.864、-0.834、-0.526、-0.952。

分别以可吸入颗粒物（PM10）、细颗粒物（PM2.5）、空气质量（二级以上天数）作为因变量，根据表3-1中的数据进一步进行多元线性回归的统计发现，见表3-3。第一，二氧化硫、二氧化氮、一氧化氮、臭氧、细颗粒物（PM2.5）在多元线性回归方程中能共同解释可吸入颗粒物（PM10）的95.3%；第二，二氧化硫、二氧化氮、一氧化氮、臭氧、可吸入颗粒物（PM10）在多元线性回归方程中能共同解释细颗粒物（PM2.5）的97.0%；第三，二氧化硫、二氧化氮、一氧化氮、臭氧、可吸入颗粒物（PM10）、细颗粒物（PM2.5）在多元线性回归方程中能共同解释空气质量（良好天数）的96.7%。

表3-2　SO_2、NO_2、PM10、NO、O_3、PM2.5、空气质量（二级以上天数）之间相关系数

变量		SO_2	NO_2	PM10	NO	O_3	PM2.5	二级以上天数
SO_2	皮尔逊相关性	1.000	0.372	0.749**	0.564**	-0.364	0.611**	-0.463*
	显著性（双侧）	—	0.056	0.000	0.002	0.062	0.001	0.015
NO_2	皮尔逊相关性	0.372	1.000	0.852**	0.635**	0.383*	0.880**	-0.867**
	显著性（双侧）	0.056	—	0.000	0.000	0.049	0.000	0.000
PM10	皮尔逊相关性	0.749**	0.852**	1.000	0.722**	0.079	0.926**	-0.864**
	显著性（双侧）	0.000	0.000	—	0.000	0.694	0.000	0.000
NO	皮尔逊相关性	0.564**	0.635**	0.722**	1.000	0.460*	0.879**	-0.834**
	显著性（双侧）	0.002	0.000	0.000	—	0.016	0.000	0.000

续表

变量		SO_2	NO_2	PM10	NO	O_3	PM2.5	二级以上天数
O_3	皮尔逊相关性	-0.364	0.383*	0.079	0.460*	1.000	0.346	-0.526**
	显著性(双侧)	0.062	0.049	0.694	0.016	—	0.077	0.005
PM2.5	皮尔逊相关性	0.611**	0.880**	0.926**	0.879**	0.346	1.000	-0.952**
	显著性(双侧)	0.001	0.000	0.000	0.000	0.077	—	0.000
二级以上天数	皮尔逊相关性	-0.463*	-0.867**	-0.864**	-0.834**	-0.526**	-0.952**	1.000
	显著性(双侧)	0.015	0.000	0.000	0.000	0.005	0.000	—

注：** 表示在0.01水平（双侧）上显著相关；* 表示在0.05水平（双侧）上显著相关。

表3-3　PM10、PM2.5、空气质量（二级以上天数）分别为因变量的模型的方差分析

模型1	平方和	自由度	均方	F	显著性
回归	14022.693	5	2804.539	107.609	0.000[b]
残差	547.307	21	26.062	—	—
总计	14570.000	26	—	—	—

a. 因变量：PM10；b. 预测变量：(常量)，PM2.5，O_3，SO_2，NO_2，NO；c. 调整后 $R^2=0.953$。

模型2	平方和	自由度	均方	F	显著性
回归	8237.965	5	1647.593	166.612	0.000[b]
残差	207.664	21	9.889	—	—
总计	8445.630	26	—	—	—

a. 因变量：PM2.5；b. 预测变量：(常量)，PM10，O_3，NO，SO_2，NO_2；c. 调整后 $R^2=0.970$。

续表

模型 3	平方和	自由度	均方	F	显著性
回归	50959. 323	6	8493. 221	126. 074	0. 000[b]
残差	1347. 343	20	67. 367	—	—
总计	52306. 667	26	—	—	—

a. 因变量：空气质量（良好天数）；b. 预测变量：（常量），PM2. 5，O_3，SO_2，NO_2，NO，PM10；c. 调整后 R^2 =0. 967。

第三节　主要大气污染物排放总量显著减少

同样来自《中国统计年鉴》的数据表明，党的十八大以来主要城市废气中主要污染物排放总量呈稳中有降的趋势。表 3 – 4 展示了 2013—2021 年北京市、成都市废气中主要污染物排放情况。其中指标含工业二氧化硫、工业氮氧化物、工业颗粒物、生活（及其他）二氧化硫、生活（及其他）氮氧化物、生活（及其他）颗粒物等。

表 3 – 4　北京市和成都市废气中主要污染物排放情况（2013—2021）

（单位：吨）

城市	年份	工业二氧化硫	工业氮氧化物	工业颗粒物	生活（及其他）二氧化硫	生活（及其他）氮氧化物	生活（及其他）颗粒物
北京	2013	52041	75927	27182	34967	13638	28258
	2014	40347	64400	22710	38475	14109	31556
	2015	22070	26864	12987	49064	19143	33978
	2016	10257	23412	7874	22943	11652	24630
	2017	3799	15405	4282	16286	7510	6506
	2020	988	9751	4376	761	8613	4538
	2021	1004	9590	2180	415	8333	2800

续表

城市	年份	工业二氧化硫	工业氮氧化物	工业颗粒物	生活（及其他）二氧化硫	生活（及其他）氮氧化物	生活（及其他）颗粒物
成都	2013	52040	44411	21452	4891	2109	661
	2014	50754	45249	25574	4814	2071	651
	2015	37224	33299	20607	6686	2398	1226
	2016	17318	24538	12534	10366	2589	1296
	2017	11181	22075	9936	10366	3400	1402
	2020	4026	14206	8321	3017	6389	5176
	2021	3374	11201	5504	2027	5072	3459
全国其他主要城市平均	2013	96573	92025	46490	13066	3526	8127
	2014	87952	81403	69883	13915	3705	10497
	2015	74282	63894	57074	17982	4528	11441
	2016	33798	38831	31722	19742	3985	13847
	2017	19522	26911	47009	6743	4471	18100
	2020	10148	18109	11198	3395	2469	11239
	2021	9095	16725	9322	2967	2553	10318

说明：1. 全国其他主要城市是指除北京与成都两市外的其他 26 个省会城市和 3 个直辖市；2.《中国统计年鉴》（2019）、《中国统计年鉴》（2020）对 2018—2019 年两年主要城市废气中主要污染物排放数据没有作出更新；3. 2021—2022 年主要污染物中生活二氧化硫、生活氮氧化物、生活颗粒物统计中加上了“及其他”。

资料来源：据《中国统计年鉴》（2014—2022）整理。

从工业二氧化硫指标来看：2013—2021 年，全国其他主要城市平均排放总量高于同期成都市，成都市排放总量高于同期北京市

（2013 年持平）；排放总量均呈下降趋势。其中成都市工业二氧化硫排放总量从 2013 年的 52040 吨下降到 2021 年的 3374 吨，下降了 94%；北京市工业二氧化硫排放总量从 2013 年的 52041 吨下降到 2021 年的 1004 吨，下降了 98%；北京市比成都市下降的幅度更大，如图 3－4 所示。

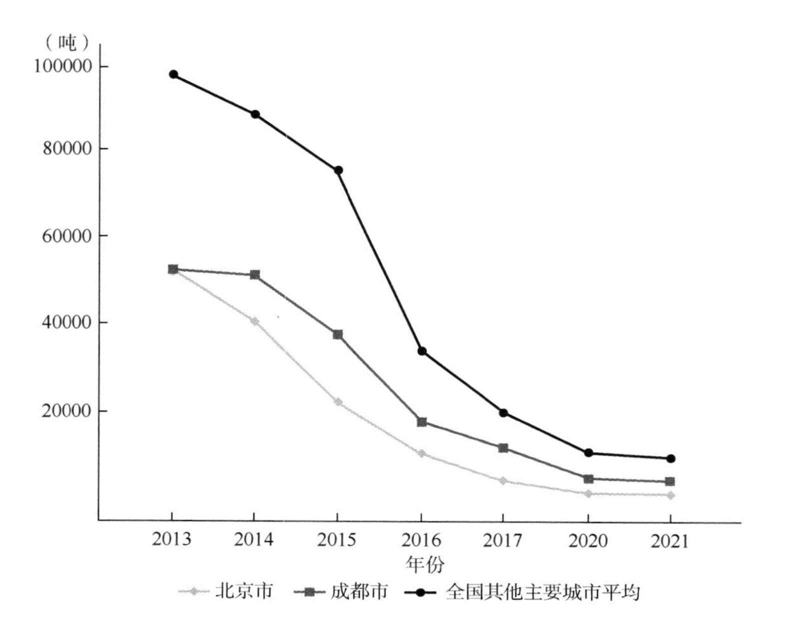

图 3－4　北京市、成都市及全国其他主要城市平均工业二氧化硫排放情况（2013—2021）

从工业氮氧化物指标来看：2013—2021 年，全国其他主要城市平均排放总量高于同期成都市和北京市；2014 年及以前北京市排放总量高于同期成都市，而 2015 年及以后北京市排放总量低于同期成都市；排放总量均呈下降趋势。其中成都市工业氮氧化物排放总量从 2013 年的 44411 吨下降到 2021 年的 11201 吨，下降了 75%；北京市工业氮氧化物排放总量从 2013 年的 75927 吨下降到 2021 年的

9590 吨，下降了 87%；北京市比成都市下降的幅度更大，如图 3 –5 所示。

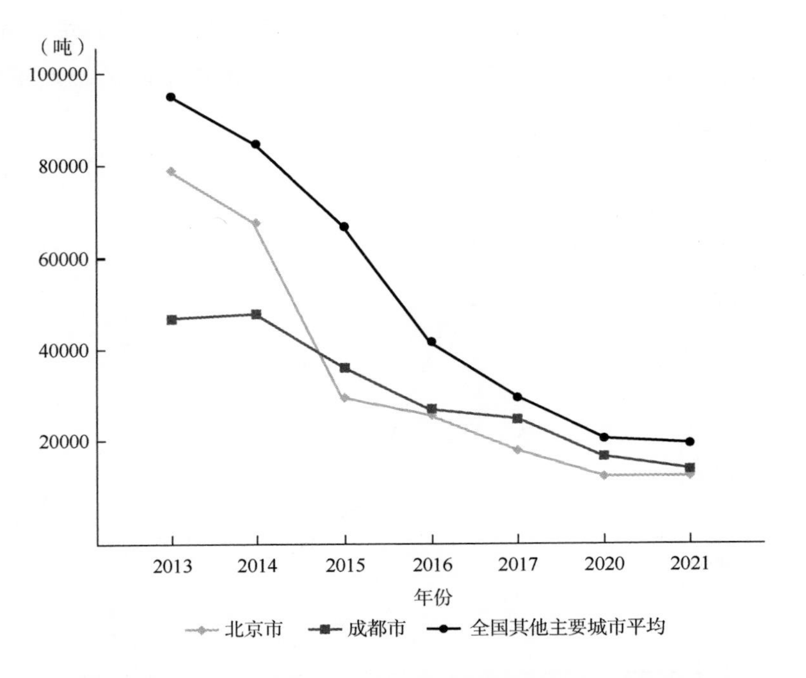

图 3 –5　北京市、成都市及其他主要城市平均工业氮氧化物排放情况（2013—2021）

从工业颗粒物指标来看：2013—2021 年，全国其他主要城市平均排放总量高于同期成都市和北京市；2013 年及以前北京市排放总量要高于同期成都市，而 2014 年及以后北京市排放总量要低于同期成都市；除全国其他主要城市平均在 2017 年出现了较大的反弹外，排放总量均呈下降趋势。其中成都市工业颗粒物排放总量从 2013 年的 21452 吨下降到 2021 年的 5504 吨，下降了 74%；北京市工业颗粒物排放总量从 2013 年的 27182 吨下降到 2021 年的 2180 吨，下降了 92%；北京市比成都市下降的幅度更大，如图 3 –6 所示。

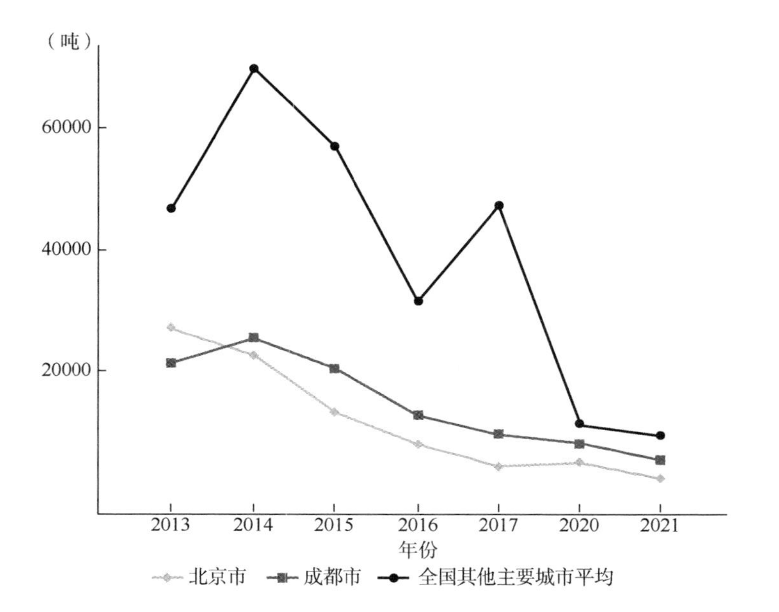

图 3－6　北京市、成都市及全国其他主要城市平均工业颗粒物排放情况（2013—2021）

在生活二氧化硫指标方面：2013—2021 年，北京市、成都市、全国其他主要城市平均排放总量总体上出现了不同程度的下降，下降幅度分别为 99%、59%、77%；其中成都市在 2015—2017 年出现了较大程度的反弹。在生活（及其他）氮氧化物指标方面：2013—2021 年，北京市、全国其他主要城市平均排放总量总体上出现了不同程度的下降，下降幅度分别为 39%、28%；成都市在 2017—2021 年出现了较大程度的反弹；不过由于 2013 年成都市在这项指标排放总量上的基数比较低，截至 2021 年，成都市在这项指标排放总量上仍然远远低于北京市（但远远高于全国其他主要城市平均）。在生活（及其他）颗粒物指标方面：2013—2021 年，北京市排放总量出现了较大程度的下降，下降幅度为 90%；成都市在这项指标上出现了较大程度的上升，2021

年排放总量是2013年的5.23倍；全国其他主要城市平均排放总量出现了先大幅攀升后缓慢下降的趋势；由于2013年成都市在这项指标排放总量上的基数比较低，截至2021年，成都市在这项指标排放总量上仍然远远低于全国其他主要城市平均（但略高于北京市）。

第四节　两市居民对雾霾天气严重程度的主观感受

以上冰冷的数据也许没有深度访问对象的直观感受那么直接，针对“在过去几年时间内，您觉得北京市（成都市）雾霾的整体发生情况是改善了还是加重了”① 这一问题，部分访问对象给出了鲜活的回应。

北京市民的回应：

> 我是2012年来到北京，到现在已经有7年了。在过去的几年中，北京市雾霾情况在整体上得到了很大改善。这是值得肯定的。我刚来北京读硕士的时候，北京的雾霾非常严重，能见度很低，在冬季不敢出门，我本来就有轻度的鼻炎，担心一出去，鼻炎的症状就会加重。我感觉2013年、2014年、2015年的雾霾状况仍然比较严重，2015年之后，北京的雾霾状况就逐渐好转了。现阶段的雾霾所持续的时间、严重程度的确远不如以前了，蓝天白云也能时常看见了。（记录2019073101）
>
> 我是2013年来到北京的，迄今为止已经有6年了。在过去的几年中，北京市雾霾情况在总体上是得到了较大的改善。我记得，

① 考虑到本研究深度访问的时间是2019年8月，以下访问对象所回应的“过去几年”应该指2019年及其之前的几年。再考虑到不论北京还是成都两市在2019年之后铁腕治霾若干措施的实施以及空气质量的持续改善，相信如果就同一问题再次进行深度访问得到的回应将更为积极。

北京的雾霾在2014年还非常严重，看到蓝天白云在当时的冬天几乎是一种奢侈。那时候，天气整天灰蒙蒙的，能用肉眼看到空气中飘浮着一层一层的颗粒状的细小东西，能见度也比较低。北京市因为能见度的问题出现了诸多交通事故。从2018年开始，北京的雾霾天气呈明显的好转之势。现阶段，北京在冬天的雾霾天气减少了，能见度也提升了不少，蓝天白云也多起来了。尽管如此，我觉得北京的雾霾还是有些严重，还有较大的提升和改进的空间。（记录2019080202）

我是2014年来到北京的，到目前为止已经在北京待了5年多。我个人感觉北京市的雾霾状况在整体上得到了较大改善。2015年、2016年，北京市的雾霾还相当严重，自2017年开始，北京市的雾霾状况开始发生明显好转，特别是最近两年，北京市基本上没有发生比较严重的大规模的雾霾天气。我记得在2015年的冬天，北京市的雾霾严重到看不清景色的程度，当时的很多志愿者在路边低价销售空气净化器（一种戴在头部和嘴部的净化空气的器械）。我在最近两年都很少关注雾霾了，可能是由于雾霾天气本身已经改变了许多吧，已经引不起我的关注了。国家应该在治理雾霾方面投入了不少。（记录2019080404）

我来北京7年了，2012年来北京上学，2014年在北京工作定居，可以说是见证了北京雾霾最严重的时期。记得刚来上学的时候，应该是2012年的时候，当时北京经历了一次最严重的雾霾，那个时候确实不知道有雾霾这一说法，以为是普通意义上的雾，只觉得天气灰蒙蒙，也搞不清楚是怎么回事，该出门还是会出门，也没有什么防护措施，因为都不懂。不得不说，北京市近两年雾霾治理效果非常显著。尤其是今年，空气优良天数明显增多，这是切身感受到的。因为我是在报社工作，所以时常关注日常新闻报道，自己时常也会亲自去到基层一线采访调研。记得2017年的时候，有个北京“无霾月”的新闻刷爆朋友圈，好像是从那个时候起，北京的空气质量开始走上坡路，越来越好，越来越为北京市民津津乐道。记得外地的好几个朋友还发来消息问我是否能感受到北京的空气质量好转，我说确实是。后来自己也关注到网上有用大数据的方法，对北京空气质量作对比分析的新闻，觉得还挺有意思的，也很有意义。不管是从那些客观的数据来看，还是从主观感受来说，北京这两年的空气优良天数确确实实在逐步增加，空气质量在逐步提升。从舆论舆情来看，一开始备受关注的“APEC蓝”“阅兵蓝”到“无霾月”，从短期的治理到长效整治，北京可以说是拿出了切切实实的举措和行动。当然冬天供暖季还是不可避免会有那么几天雾霾，但总体上属于可接受范围。（记录2019080605）

来北京已经有6年了，基本上都是在北京上学，中间有一年去往英国留学。2013年来北京读研究生，至今留京工作，也算见证了北京雾霾的变迁吧！我印象最深的是2016年，那时我在英国，看新闻报道，北京的雾霾天很重，微信朋友圈经常出现类似报道，还有很多同学发图片抱怨天气差，当时看到那些图片和消息，挺为国内的家人和朋友感到担心的。因为不自觉地就会有国内外城市空气质量对比嘛，当时英国的生态环境和居住气候整个来说还是较为不错的，印象最深的就是，当时在伦敦待了一小段时间，在街角随处可见健硕的大白鸽、野生小松鼠，还有一种特别可爱的类似小鸵鸟的一种鸟，具体叫什么我不记得了，在街上都能揽着它照相。郊区也有大片的农场，野兔窝随处可见，绿油油的景色很让人心旷神怡。当然，我并不是说国外的月亮圆，只是想说明当时有了这种强烈的反差，就会很担心国内的空气质量和人们的生活质量，很希望我们国内的环境也能带给人们美的享受。我想，我们每个人对生活居住环境都是有要求的。后来，2017 年 10 月回国后，我发现北京的空气质量好了很多。尤其是近两年，很多时候都能看到蓝天白云。总体来讲，空气质量改善了。（记录 2019080706）

我是 2012 年在中国人民大学读硕士的时候来到北京的，到现在已经 7 年了。我感觉北京的雾霾在最近几年里是有明显的变化的，这种变化趋势是朝着好的方向在发展。在 2015 年前后，北京的雾霾还相当严重，那时候一整个冬天都是朦朦胧胧的感觉，感觉整个冬天都是在“傍晚的暮色中度过的一样”，在室外都不敢大口大口地呼吸，生怕把黑色颗粒或者什么不知名的病毒吸入肚子里。大概 2017 年前后，北京的雾霾就开始出现明显的好转，蓝天白云开始不再是一种奢侈品，逐渐成为人们的一种习以为常的普惠品。尽管现阶段冬季仍然存在雾霾，但毕竟有蓝天白云的时候增多了。我也爱出门了，较少待在室内了。从这些经历就可以看出，北京市的雾霾的整体发生情况是改善了。（记录 2019080807）

来北京工作 8 年了。2011 年前后过来的。那会儿刚从天津南开大学毕业，来北京找工作。对北京的第一期望当然是充满向往和憧憬啊，但是实际上，并不是那么理想。空气方面，因为天津离北京很近，平时感受到天津的天气也不是很好，觉得北京也差不了多少，可能比天津还稍微好点，所以一开始来的时候，对北京的天气也没有太大的期待吧。不满意肯定是不满意啊，但是当时空气质量整体都差，京津冀大范围普遍存在空气质量不良。个人感觉近几年有明显改善。之前一年当中极少能见到蓝天白云，空气好的情况极少，最近两年能够看到蓝天的天数比之前多出很多。特别是2018年，记忆当中感觉全年没有出现过重度雾霾的时候，绝大多数晴天的情况下，都能看到蓝天。即使是在整个冬天没有下雪的情况下，天气质量整体也是不错的。北京近两年，还是近3年的冬天，都没有怎么下过雪。按理说，下雪有助于缓解雾霾，将空气中的微小颗粒沉淀下来，没下雪，空气质量还不算太差，那真是说明雾霾减少了很多。(记录2019081713)

我在1998年就来到北京了，到现在已经21年了。目前我在北京开了两家东北饭馆，一家大的，一家小的。您看到的这家是小的。2014年以前，我感觉北京的雾霾都还是比较严重的。严重到什么程度呢？以前从外面进屋，都会发现自己已经是灰头土脸的。有时候忘记关窗户，会发现靠近窗子的桌子上面都是颗粒状的污染物，那时候天空都是灰蒙蒙的，一年四季都很少能看见太阳，总之那时候的雾霾真的很严重，到处都是灰尘。我感觉北京的雾霾现在已经减轻了很多，能够经常看见太阳和月亮了，感觉空气中的风也干净舒服了。老实说，我以前可讨厌北京了，特别讨厌，现在很喜欢北京。以前北京的雾霾严重，如果不是为了赚钱养家糊口，我会毫不犹豫地逃离北京；现在尽管北京还是有一些雾霾现象，倒是留恋北京了。(记录2019081814)

我来北京三年了，2016年7月来的北京。来北京之前，曾通过新闻、互联网等途径了解过北京的天气状况，当时以为北京雾霾比较严重，北京市民生活在水深火热中。但是实际来到北京市后，发现远没有自己想象的可怕。冬天空气质量确实要差点。2016年、2017年的冬天确实还是挺多雾霾天气的，我记得有一次下午下班等公交车，不知道是天黑的缘故，还是天气不好的原因，抑或是雾霾的原因，天空阴沉沉的，压得人喘不过来气，好像世界末日似的；但是并没有说太呛人的霾味，能见度还可以，跟想象中的严重程度相比，还是稍微好点的。这两年，确切说应该是一年多吧，空气质量明显好转，以前只能说还好吧，现在觉得是有点好了，以后还能更好。这一年多，雾霾时间占比可以说非常低，经常能看得到蓝天白云，我还为此给天空拍过好多次照呢。目前来看，我个人觉得北京雾霾治理是往好的方向发展的，是改善的。(记录2019082215)

我是土生土长的北京人，在北京已经生活整整50年了。可以说，对北京的很多情况，包括生态环境变迁，雾霾的变迁情况还是比较了解的。我感觉在2008年以前，好像没有“雾霾”这一说法，但肯定已经有雾霾存在了。在2014年以前，北京的雾霾都还比较严重，特别是冬季，几乎整个冬季都是灰蒙蒙的，几乎看不到蓝天白云，如果偶尔能看见蓝天白云，那一定是感到很惊喜的事情。那时候，我们能够用肉眼发现空气中的污染物，能够目测到颗粒状的灰尘。在2014年以后，北京的雾霾逐渐好转，在2016年以后，北京的雾霾明显好转。蓝天白云已经经常见到了，反而不感觉到惊喜了，已经把蓝天白云当作一件习以为常的事情了。空气中的能见度也大大提高了，至少能看到几百米开外的建筑物和风景了，交通也不因为雾霾而拥堵了。当然，北京现阶段堵车还很严重，这是因为北京的车辆实在太多了。现阶段，呼吸空气也放心了很多，不像以前，呼吸空气都不敢大口呼吸，生怕把空气中的黑色颗粒给吸进去了。总的来看，北京的雾霾的整体情况是明显改善了。(记录2019090220)

成都市民的回应：

我来成都参加工作已经18年了。雾霾的出现也就是最近几年的事情（或者以前不严重或者即便严重大家感受不到）。雾霾被公众切切实实地感知到，并视其为身体或心理健康的威胁：一方面可能是因为雾霾确确实实地物理存在，而且这种物理存在纵向上恶化了或加重了，这与中国正处在工业化的重化工阶段密切有关，与我们国家偏重于煤炭的能源结构有关，当然与我们每个人的生活方式有关。另一方面也可能因为随着生活水平的提高，公众对生活质量的追求提高了，同样是空气污染，也许在温饱阶段就没有在小康阶段感受那么强烈，必须暴露在雾霾中的建筑工人们远没有在办公室工作的专家们那么“矫情”。与此同时，今天公众维护自身的权利意识空前高涨了，今天人们忍受不公平、不合理现状的承受能力比过去显然要弱化了。成都雾霾发生最严重的时机似乎在2017年的冬季，几乎可以用暗无天日、空气质量数据屡屡爆表来形容了。最近两年经过政府、企业方方面面的努力，雾霾发生的天数减少了，严重程度似乎也好转了不少。（记录2019032021）

我是2010年来成都的，9年多了。最初来成都的时候，没有环保意识，没意识到雾霾问题。在我印象中，2015年前后是成都雾霾最严重的时候，秋冬季节仿佛生活在云山雾罩中。晚上出来散步，都感觉无法呼吸。紧接着，广大成都市民积极行动起来，向政府提意见，要求改善空气质量。近年来，随着环保攻坚战的打响，空气质量比起以往有一定的进步，雾霾高发天数比以往稍微有所降低，但成都市在全国大中型城市中依然属于空气质量总体偏差的城市，可以说，成绩有，但问题也不少，纵向比有进步，横向比问题还很严重。（记录2019032122）

我是2003年来成都的，已经有16年了。我觉得成都雾霾最为严重的是在2015—2017年，这两年来，成都雾霾天气有所改善，没有以前那么严重了。主要原因还是在于成都市不少高污染的企业都搬迁了，搬到农村去了。另一方面的原因在于成都市有了一些治理雾霾的措施，比如一到冬天，天气晴的时候，就会在大街上洒水，前些年洒水车是把水洒到街道地面上，这几年来是把水洒向空中，这也许是治理雾霾的一种简单可行的办法。因为水洒向空中，就把空气中的小颗粒物沉淀下来。另外这几年，成都大街小巷的一些工地，天晴的时候，也是在不停地洒水，估计可以降尘。这些方法看起来很原始，很简单，但确实比较有效，这两年成都的雾霾比以前少多了。当然，这一切都归因于政府执政理念的转变，只要政府把公众关切的问题放在第一位，就一定能想到解决的好办法。不仅成都雾霾这几年好多了，全国其他城市都一样。因此，我们要把城市环境状况，作为考察地方社会经济发展的一个重要指标，改变过去唯GDP的做法。当然政府这几年也是这么做的。(记录2019032223)

我来到成都工作已有三年，之前在北京生活了四年。要回答改善与否的问题，我觉得应当先说明成都雾霾的一个特点，不易察觉。这个特点成因有两方面：一方面，成都的雾霾较我在北京经历的要“温和”得多；另一方面，成都阳光不充足，冬天多阴少晴，利于雾霾藏身。因此，我认为不借助仪器，普通民众很难从直接经验判断成都雾霾状态的改善情况。虽然如此，我还是觉得成都的空气污染状况有所改善。我判断的依据有两条：一是我所生活的区域，附近有很多小型家具厂。之前每天早上能闻到硫化物的味道，现在已经不是每天都能闻到了。二是我很长时间没有看到成都因严重雾霾被有关媒体“点名”了。(记录2019033126)

我来成都工作已经13年了。霾的出现也就是最近几年的事

> 情。霾也许是当今几乎所有国家现代化进程中必须付出的发展代价。成都市也不例外。由于盆地气候的影响，成都似乎很难做到无霾或少霾。我记得2015年似乎是成都市霾污染最严重的一年，体质貌似还可以的我都不得不住进了医院，当时我刚从国外回来。较之于2015年，我觉得这几年成都市防霾治霾方面采取了不少措施，比如施工工地非常注重防尘处理；一些污染型企业据说都被要求搬离了成都市区。总体上，我觉得成都市霾污染改善了不少。（记录2019041229）

个体对雾霾污染天气严重程度的感知受到多重因素的影响，尤其是主观心理因素的影响，比如个体的体质是否易感（体质越易感对空气污染的感受越强烈），个体对环境应激的适应水平（环境应激的适应水平越低，对空气污染的感受越强烈），个体对空气质量的期望值（对空气质量的期望值越高，对空气污染的感受越强烈），个体对相关职能部门和政府的期望值（对相关职能部门和政府的期望值越高，对空气污染的感受越强烈），人际交往中暴露于社交媒体的报道与渲染的频次（人际交往中暴露于社交媒体的报道与渲染的频次越高，对空气污染的感受越强烈），等等。除去空气污染客观意义上的“绝对破坏性”，受上述主观心理因素的影响，面临“同呼吸共患难”的空气质量，城市居民反应各异。从上述深度访问的结果来看，城市居民对雾霾污染引发的空气质量感受与客观数据尽管在短期内不尽吻合，但居民对空气质量的感受在长期趋势意义上应忠实于客观数据。相比而言，北京市居民比成都市居民更能感受到雾霾治理后的空气质量改善，这与前述客观数据是一致的。

第四章　雾霾天气下城市居民的社会认知状况

社会心理学一般认为，社会认知是认知者根据过去的经验及环境中的信息，对他人或事物进行信息加工、推理、分类和归纳等一系列思维活动，从而形成对他人或事物的判断的过程。早期美国心理学家托尔曼将“在过去经验基础上建立的代表外部环境的内部表象”或“贮存在人的记忆中的现实世界的事物和关系的抽象表象”称之为“认知地图”。影响社会认知的因素一般包括认知对象本身特点、认知发生时的情境、认知者自身特点、逻辑推理的定势作用等主客观因素。社会认知一经形成便成为个体行动的基础，或个体的社会行动是社会认知过程中做出各种裁决的结果。

雾霾污染天气不仅是单纯的自然现象，也是其产生或影响都与社会中的每一个体均息息相关的社会问题。因此，公众对雾霾的社会认知就是公众从自然环境和社会环境中获取有关空气质量的信息，并对这些信息进行加工的社会心理过程。本书将雾霾认知分为雾霾知识认知、雾霾风险认知、雾霾可控程度认知、对政府治霾工作的认知，以及有关空气、环境和生活质量整体认知等五个层面。其中，雾霾知识认知指公众对雾霾基本常识的认知情况，包括雾霾构成的主要成分、生成来源、对人体健康的影响、预防措施及效果、检测方法等知识的了解情况和熟悉程度；雾霾风险认知指公众对雾霾给其个人与家庭成员身心健康、生产生活乃至城市形象、政府工作、社会稳定等方面带来的潜在风险及不利影响方面的认知情况；雾霾可控程度认知指公众对雾霾产生源头、形成过程、影响范围、人体危害等方面是否可控以及可控程度方面的认知；对政府治霾工作的认知指公众对政府采取的推动清洁能源的使用、加强环保法规的制定与执行力度、鼓励公众绿色出行、全面准确公布空气质量指数等方面措施的认知；对空气、环境和生活质量的总体认知指公众对所生活城市空气质量、生态环境以及个人生活质量方面的总体认知。

第一节　雾霾知识认知

本研究发放的问卷中，雾霾知识认知的题项包括主要成分、生成来源、健康影响、预防措施及效果、检测方法，选项为“非常陌生”“比较陌生”“比较熟悉”“非常熟悉”。统计中，分别将 4 个选项赋值为 1、2、3、4 分，得分越高，说明对雾霾知识的认知水平越高。

统计结果显示：对主要成分、生成来源、健康影响、预防措施及效果、检测方法五方面知识认知的均值分别为 2.35、2.49、2.95、2.66、2.01 分，见表 4－1。其中，公众对雾霾对人体健康影响的认知水平最高，接近“比较熟悉”的水平；对雾霾检测方法的认知水平最低，处在“比较陌生”的水平。对雾霾的主要成分和生成来源这种涉及自然科学知识方面的内容，公众则呈现“比较陌生”的状态。

表 4－1　　城市居民对雾霾的知识认知（%）

认知选项	非常陌生	比较陌生	比较熟悉	非常熟悉	均值	标准差
雾霾的主要成分	9.1	49.6	38.7	2.5	2.35	0.678
雾霾的生成来源	8.5	37.5	50.8	3.1	2.49	0.695
雾霾对人体健康的影响	2.7	14.5	67.9	14.9	2.95	0.631
雾霾的预防措施及效果	4.0	32.1	58.0	5.9	2.66	0.651
雾霾的检测方法	24.0	53.4	20.7	1.9	2.01	0.724

雾霾的成分很复杂，一方面可能是由气态的空气污染物构成，空气污染物叫什么名称我不清楚；另一方面就是我们经常说的直径小于 2.5 微米的细微颗粒物。（记录 2019032021）

我对雾霾的成分并不怎么了解，不过从新闻报道中略知一二，雾霾的主要成分是重金属，也就是大量悬浮在空气中的金属颗粒。这些金属颗粒在空气中基本不会自动消解。（记录 2019080303）

对于雾霾的具体成分，我是难以准确描述的。但一提到雾霾，我觉得主要是指平时说的 PM2.5。之所以称为 PM2.5，主要是根据空气中污染颗粒的大小来定义的。一般来说，好像是指小于 2.5 微米的颗粒，这种小分子颗粒比较容易进入人的呼吸道，对人体造成损伤。至于是固态的还是液态的，我就不太清楚了，觉得都有可能吧。（记录 2019080605）

我对于雾霾的成分不怎么熟悉，对其了解不多，感觉其成分包括汽车尾气、粉尘等，具有一定的烟味儿，使空气能见度降低。好像周围很多人，对雾霾的成分具体包含哪些都不清楚。（记录 2019080807）

我对于雾霾的成分了解较少，知之有限。只知道雾霾的成分包括 PM2.5、PM10 等。说实话，我平时很少关注雾霾的成分，对于如何防护雾霾反而更加关注，了解得多一些。我感觉周围的同事也很少关注雾霾的成分，都对这个问题说不清楚。（记录2019080908）

我对雾霾的情况只了解一点点，对雾霾的成分也只了解一点点。我觉得雾霾的成分就是汽车尾气、二氧化硫，还包括可吸入颗粒物、粉尘等。我听说过PM2.5，但不知道PM2.5具体是指什么。我平时生活节奏挺快的，也没有时间去关注雾霾的成分。（记录2019090220）

关于雾霾的成分，我觉得可以拆开来看。雾就是我们在传统意义上理解的雾，是自然现象，是水汽蒸发遇到空气中的尘埃，然后冷却一起凝结形成的一种自然现象。应该说雾的成因就是一个物理变化的结果。雾对人的危害的确有，但是总体来说是比较小的。而霾这种特殊的产物，它的成分就比较复杂了。霾总体上看是工业化以后的一个产物，是各种化合物相互作用在空气中形成的一种对人体危害性比较大，特别是对人的呼吸道系统、心肺功能都有较大损伤的物质。我们经常说雾霾，其实这是两种不同成因形成的特殊的化合物。（记录2019032122）

从以上部分访问记录中可以看出，尽管对雾霾污染天气保持持续关注，但由于雾霾的成分以及生成的确涉及一些自然科学，所以大多数深度访问对象对这一问题或认知不清楚或认知不准确乃至认知错误。

进一步将所属城市、性别、职业背景、居住地、家庭年收入、自陈健康状况作为自变量，雾霾知识认知作为因变量①进行均值比较（方差分析）。统计结果见表4－2。

---

① 对雾霾若干方面知识的熟悉程度严格意义上属于非连续性的定序变量，但为了统计需要，本书将这一变量视为连续性的定距变量，社会统计学中不缺少将低层次变量视为高层次变量的先例（比如将“文化程度”而非“受教育年限”视为连续性定距变量）。同理，下文中还有将影响程度、同意程度、时间频次、可控程度、购买意愿等定序变量视为定距变量。

表4－2　　城市、性别、职业背景、居住地、收入、自陈健康状况与雾霾知识认知

变量		主要成分	生成来源	健康影响	预防措施及效果	检测方法
城市	总计(N＝826)	2.35	2.49	2.95	2.66	2.01
	北京(N＝411)	2.39	2.55	2.99	2.75	2.04
	成都(N＝415)	2.30	2.42	2.91	2.57	1.97
	F	3.498	7.353	2.887	15.329	1.946
	显著性	0.062	0.007**	0.090	0.000**	0.163
性别	男(N＝370)	2.44	2.58	2.93	2.69	2.08
	女(N＝456)	2.27	2.41	2.97	2.64	1.94
	F	12.812	11.128	0.915	1.230	7.779
	显著性	0.000**	0.001**	0.339	0.268	0.005**
职业背景	国家机关干部(N＝64)	2.47	2.48	2.94	2.58	1.95
	企业单位人员(N＝258)	2.28	2.39	2.85	2.61	2.06
	事业单位人员(N＝233)	2.33	2.52	2.98	2.68	2.04
	进城务工者(N＝23)	2.22	2.43	3.26	2.74	1.87
	个体经营业者(N＝38)	2.24	2.50	3.03	2.79	2.11
	离退休人员(N＝24)	2.25	2.25	2.88	2.71	1.87
	农业劳动者(N＝13)	2.23	2.31	3.00	2.69	1.69
	学生(N＝148)	2.51	2.66	3.01	2.69	1.87
	F	2.004	2.340	1.959	0.639	2.008
	显著性	0.043**	0.017**	0.049**	0.745	0.043**

续表

变量		主要成分	生成来源	健康影响	预防措施及效果	检测方法
居住地	主城区(N=541)	2.37	2.50	2.97	2.70	2.04
	郊区(N=285)	2.31	2.46	2.92	2.58	1.94
	F	1.687	0.658	1.053	6.556	3.986
	显著性	0.194	0.417	0.305	0.011**	0.046**
家庭年收入	5万元及以下(N=88)	2.45	2.51	2.99	2.77	1.91
	5万—10万元(N=181)	2.27	2.41	2.86	2.51	1.90
	10万—20万元(N=291)	2.35	2.50	2.94	2.62	1.99
	20万—50万元(N=217)	2.36	2.54	3.03	2.77	2.12
	50万元及以上(N=49)	2.37	2.41	2.90	2.76	2.18
	F	1.251	1.139	1.990	5.509	3.745
	显著性	0.288	0.337	0.094	0.000**	0.005**
自陈健康状况	较差(N=21)	1.86	2.05	2.43	2.24	1.81
	一般(N=296)	2.29	2.45	2.95	2.62	1.96
	较好(N=383)	2.38	2.50	3.00	2.70	2.02
	很好(N=126)	2.47	2.59	2.89	2.71	2.10
	F	6.205	4.034	6.077	4.015	1.638
	显著性	0.000**	0.007**	0.000**	0.007**	0.179

第一，在主要成分、生成来源、健康影响、预防措施及效果、检测方法等五方面的知识认知中，北京市居民的均值得分均高于成都市居民；其中两市居民在生成来源、预防措施及效果两方面的认知水平

上具有城市之间的显著性差异。

第二，在主要成分、生成来源、预防措施及效果、检测方法四方面的知识认知中，男性居民的得分高于女性居民；其中男女在主要成分、生成来源、检测方法三方面的认知水平上具有性别上的显著性差异。

第三，学生和国家机关干部对于雾霾主要成分的认知水平较高，学生和事业单位人员对雾霾生成来源的认知水平较高，个体经营者和学生对雾霾健康影响的认知水平较高，个体经营者和企事业单位人员对雾霾检测方法的认知水平较高；其中主要成分、生成来源、健康影响、检测方法四方面的认知水平具有职业背景上的显著性差异。

第四，在主要成分、生成来源、健康影响、预防措施及效果、检测方法等五方面的知识认知中，主城区居民的得分均高于郊区居民；其中居住地（城区还是郊区）在预防措施及效果、检测方法两方面的认知水平上具有居住地的显著性差异。

第五，在预防措施及效果的知识认知中，低收入家庭组和高收入家庭组比中等收入家庭组的认知水平高；在检测方法的知识认知中，高收入家庭组比低收入家庭组的认知水平高；两方面的认知水平在家庭收入上均具有显著性差异。

第六，在主要成分、生成来源、健康影响、预防措施及效果、检测方法等五方面的知识认知中，自陈健康状况越好的居民，其认知水平的均值也越高；其中主要成分、生成来源、健康影响、预防措施及效果四方面的认知水平均通过显著性差异检验。

第二节　雾霾风险认知

由于影响因素太过于复杂，很少有人能够提供精确的关于雾霾所带来的居民慢性亚健康、被缩短的生命或居民担惊受怕、抑郁苦闷的日子等等方面的“损失”到底有多大，即便是专门从事大气污染的科学家也不例外。但包括个体物质方面的或精神方面的损失是实实在在的，而且这种损失为雾霾发生地的每个呼吸者直接或间接承担。对于城市管理者，严重雾霾天气恶化了本已不堪重负的城市交通且让交通事故发生的概率陡然上升，雾霾也严重损害了城市的声誉从而使得潜在的投资者裹足不前。

本研究发放的问卷中，雾霾风险认知的题项有“诱发呼吸道疾病”“引发心脑血管疾病”“对我生活/工作/学习带来影响”等14项，选项为“很不同意”“不太同意”“不好说”“比较同意”“非常同意”。统计中，分别将5个选项赋值为1、2、3、4、5分，得分越高，说明对雾霾风险的认同越高。统计结果见表4－3。

第一，对14项风险认知的均值分别为4.42、3.70、3.99、4.32、4.23、3.27、4.26、4.43、3.80、3.35、3.74、4.12、3.72、3.91分。其中，均值4分以上（即“比较同意”和“完全同意”）的选项是“雾霾对本市形象造成负面影响”（4.43分），“雾霾提高了患肺癌等重症的风险”（4.32分），“雾霾增加交通事故的风险”（4.26分），“雾霾使人们心情压抑和烦躁”（4.23分），“雾霾对我和家人的身体健康构成威胁”（4.12分），这表明两市居民对雾霾造成的上述5项风险认同度比较高。

第二，对“雾霾增加自杀行为的风险”认同度较低，均值为3.27分，其中表示“不好说”的比例占近40%，表示“不太同意”和“很不同意”的比例占近21%；对“雾霾影响社会稳定”的认同度也较低，均值为3.35分，其中表示“不好说”的比例占34%，表示“不太同意”和“很不同意”的比例占近20%。

表 4－3　　城市居民对雾霾的风险认知（%）

风险认知	很不同意	不太同意	不好说	比较同意	非常同意	均值	标准差
雾霾诱发呼吸道疾病	0.6	0.5	4.1	45.5	49.3	4.42	0.655
雾霾引发心脑血管疾病	1.0	5.7	35.6	38.2	19.5	3.70	0.880
雾霾引发各种细菌性疾病	0.7	4.8	17.3	48.5	28.6	3.99	0.848
雾霾提高了患肺癌等重症的风险	0.6	1.8	8.4	43.0	46.2	4.32	0.754
雾霾使人们心情压抑和烦躁	0.6	4.1	9.6	43.1	42.6	4.23	0.830
雾霾增加自杀行为的风险	5.7	15.2	39.8	25.6	13.8	3.27	1.057
雾霾增加交通事故的风险	0.4	2.4	8.0	48.9	40.3	4.26	0.737
雾霾对本市形象造成负面影响	0.4	2.2	5.6	37.7	54.2	4.43	0.729
雾霾造成对政府作为的不信任	1.2	9.9	21.4	42.4	25.1	3.80	0.966
雾霾影响社会稳定	3.6	16.1	34.0	34.5	11.7	3.35	1.001
本市雾霾污染依然严重	1.7	14.9	14.0	46.2	23.1	3.74	1.027
雾霾对我和家人的身体健康构成威胁	0.8	4.2	10.8	50.1	34.0	4.12	0.824
雾霾对我和家人的心理健康构成威胁	1.7	10.3	23.5	43.8	20.7	3.72	0.962
雾霾对我生活/工作/学习带来影响	2.1	6.9	15.7	48.2	27.1	3.91	0.940

雾霾天气所产生的一般性风险以及对个人和家庭产生危害的深度访问部分结果如下。

雾霾带来的危害究竟有多大？尽管很少有研究能够提供雾霾所带来的精确“损失”究竟有多大，雾霾如何影响人类健康也没有完全搞清楚，但其带来的风险是确确实实的。每位评论者眼中的雾霾都是不同的，以至几乎没有哪位评论者能够提供一份对于其全部影响的完整描述。家庭主妇们担心雾霾会给家庭带来额外的清洗负担和费用。医生和患者们（或其他易感人群）特别关注雾霾对于身体健康带来的影响，已经有大量证据表明雾霾可能是呼吸道疾病、心血管疾病、细菌性疾病暴发的直接诱因。甚至有推理认为，雾霾减少了城市日照的时长或强度，而阳光中的紫外线本身就能杀死一些细菌。上班族考虑在雾霾天气下采用什么样的安全出行方式；交通秩序维护者们不断提醒市民怎样规避雾霾带来的交通风险和拥堵；不动产拥有者们忧心房价会因为雾霾的污名化而受到抑制或回落，城市郊区或海边城市的房产却因为相对洁净的空气而成为卖点；城市主政者们则会担心城市形象因为持续雾霾而一落千丈从而让潜在的投资者们踟蹰不前；污浊的空气也成为财务自由实现者暂时逃离某座城市甚至移民海外的理由。更为严重的是，围绕雾霾是否得到有力的防治以及空气污染数据是否得到透明的发布，成为诱发局部群体性事件和社会不稳定的根源，进而损害了政府的公信力。除此之外，无论雾霾对人体的负面影响有多么的不确定，雾霾对公众的心理影响都是确定无疑的，比如在黑云压城城欲摧的雾霾持续天气下，一个社会会普遍弥漫出烦躁、焦虑、恐惧、无助甚至愤怒的情绪，雾霾天气甚至一定程度上解释了自杀行为。雾霾对于易感群体的影响大一些，比如老人、小孩、孕妇。我们小孩所在的班级，班主任号召大家购买空气净化器，家长都特别踊跃，买回后一个冬天都在持续运行，唯恐孩子受到雾霾的影响。相比于身体健康，我想我本人更多受到了雾霾的心理影响。成都冬日本来阳光就很稀奇珍贵，所谓“蜀犬吠日”，如果再加上雾霾遮天蔽日，就更是心情郁闷、压抑，仿佛透不过气来。（记录 2019032021）

雾霾的危害比较大，其可能会产生呼吸系统疾病、心脑血管疾病等诸多危害，并且对人的心理健康产生一定负面影响。在雾霾发生的时候，我时常能感受到嗓子发痒，鼻子里面全是黑色的粉末，鼻炎加重，甚至有时候会出现比较严重的呼吸困难、胸闷、嗓子疼痛等疾病或症状。雾霾也会影响人的心情。在雾霾天气下，我更加容易焦躁，能够更加明显感觉到郁闷。（记录2019073101）

雾霾的危害是多方面的。首先，雾霾会引起严重的呼吸道疾病、心脑血管疾病。甚至即便戴了口罩，也不能起到多大的防护作用，因为雾霾在很多时候能够穿透细胞，直接影响人的身体。其次，雾霾会导致环境危机。雾霾本身就是生态环境问题的一种，也是生态环境出现严重问题而向人类的示警，同时也是典型的大气污染现象。最后，雾霾会给交通造成危害。雾霾往往能使空气的能见度大大降低，极有可能因此导致交通失序，出现许多交通事故。我身边的很多人在雾霾天都患有鼻炎。我和家人的情绪在雾霾天会受到比较明显的影响，在雾霾天会产生较明显的焦虑和压抑的感觉。（记录2019080303）

雾霾的危害当然很严重，最突出的表现就是它对人身体健康的危害。但是根据不同人的体质会有不一样的反应，免疫力低的人对雾霾的反应会更敏感些，特别是老人、孩子和孕妇，可能导致呼吸道疾病甚至肺癌。雾霾天空气很脏，严重的时候，身体本能地会觉得不舒适。比如外出时吸进去的空气，到嗓子眼会觉得很呛，头发脏得很快，等等。这种不舒适可能是客观的，也可能是主观的。主观方面来说，就是心情了，出门遇到灰蒙蒙的天气，情绪肯定不好啊。人从类本质上说，是个自然人，是自然界的一部分，周围自然环境是能对人产生很大的影响的。处于一个比较糟糕的环境，情绪肯定容易暴躁。（记录2019080605）

雾霾的危害是挺大的，有听说过雾霾对人的呼吸，尤其是人的内在机能会产生危害，比如肺、肾脏等器官会受到侵害，但具体有多大，短期内，不太好说。目前也没有听到权威的说明和医学上的证明，只是听身边的人说起他们的感受，再加上自己的切身感受，就已经能深刻地觉得雾霾严重影响了我们的生活质量。天气很影响人的心情，就连正常的下雨天，天阴沉一点就能让人觉得身体和心理上很不舒服，会觉得很压抑，什么都不想干，更不用说是雾霾天了。一般的自然天气现象会首先影响人的心情，然后情绪带动身体发生系列反应。像雾霾这样的非自然天气现象，它可恶就可恶在，不像正常的自然天气那样，它最直接的就是先给人们带来身体上的不适，进而影响人们的心情，紧接着影响人们的生产生活，干事情都没精神。有时还容易使人际关系受影响，雾霾天气给人带来的焦虑会无形中影响人们的语言和行为，容易缺乏耐心。而这些负面情绪随后会加重损害人的身体健康，造成身体不适—心理不适—身体更加不适的恶性循环，严重影响我们的生活。（记录2019080706）

雾霾的危害挺多的，其首先会对人的身体产生影响，例如引起过敏性鼻炎的发生。我以前在老家的时候从来没有患过过敏性鼻炎，但前几年来到北京后，过敏性鼻炎就产生了，而且一度比较严重，经常复发。这与北京的雾霾严重是分不开的。而且，雾霾的产生会增加部分企业的成本。有些科技公司的产品对于清洁的环境要求非常高。例如，芯片公司要求空气中的颗粒物很低，雾霾天气就会影响芯片的质量。有些公司为了给生产产品创造良好的环境，就不得不购买一套昂贵的清洁设备来净化空气和清理产品。这无疑增加了企业的成本。在雾霾严重的时期，我和家人患过支气管炎，甚至患过哮喘。现在回想起那一段时间，都觉得日子很难熬，觉得那段时间真是不顺利。除了呼吸道疾病外，我还患过皮肤病，根据当时医生的诊断，这跟雾霾天气也是有关系的。在严重的雾霾天气下，我和家人会出现明显的焦虑症状。特别是，当雾霾天走在大街上时，我会明显出现焦虑症状，有时候像无头苍蝇一样没有方向感，到处乱转。这种焦虑在有阳光出现的时候或者在雾霾不严重的环境下会自动减轻甚至消失。(记录2019080807)

雾霾的危害还是比较大的，特别是对人的身体危害尤为严重。例如，会使鼻黏膜受损，使肺部发炎。总之，我感觉整个呼吸道都可能受到影响。而且，雾霾除了对人的身体产生影响外，还会影响交通的运行，甚至飞机的起降。从切身感受来看，雾霾肯定会对身体、情绪等产生影响。我曾经一段时间嗓子不舒服，咽炎严重，皮肤过敏。现在回想起来，这应该跟雾霾天气有较大的联系。不然，也找不到其他解释。因为在那段时间里，没有其他因素有像雾霾天气这样持久和明显。雾霾对情绪的影响，我感触最多的时候，是心理所产生的压抑。这种压抑感在室内向外眺望的时候感觉最明显，仿佛大祸要降临一般，让人感到窒息。(记录2019080908)

由于雾霾中的颗粒过于微小，无法通过人的鼻腔、咽喉等器官有效地过滤掉，因此长时间吸入，在人体的肺部进行积压，极可能达到一定量级以后会堵塞诸如肺泡、血管这一类器官，导致肺病或血管疾病。(雾霾对自己和家人) 影响很大。大人的话，还好，戴口罩，坐地铁，毕竟免疫力强点，雾霾对身体的伤害，大人还是可以扛过去的；心情上的影响就大些，而且不太好扛过去，看到雾霾天气，一天都会感觉到压抑，阴沉沉的。我想重点说下雾霾天气对小孩的影响很大，对带孩子的家庭来说影响也很大。雾霾天气下，不敢让小孩出门，家里买了空气净化器也不是很放心，担心二次污染。尤其担心小孩一旦生病，特别是肺病，一般家庭难以承受。整个家庭的情绪也会随之受影响，低落很多。(记录2019081713)

雾霾危害很多：一是身体方面，雾霾天气会伤害人的呼吸道，容易造成呼吸道感染，身边很多同事朋友有鼻炎、咽炎，在雾霾天下会加重，甚至引发哮喘，严重的会导致心脑血管疾病，比如有同事会觉得头疼、胸口闷、血压升高等表现。二是精神方面，严重影响心情，在雾霾那种天气下，心情会莫名其妙地低落，感觉像要得抑郁症似的。（对于我个人）首先身体上，会引起呼吸不顺畅，不敢大口喘气，老是憋气，长时间这样，会影响大脑供血，心跳加快，引起脑部供血不足、心脑血管等急性疾病。其次（个人）情绪上，在雾霾天气下，心情会很低落，情绪波动很大，会把小事情放大，烦躁的时候，一点小事可能就会放大好多倍，容易跟家人发生争执，进而影响家庭和谐。（记录2019082215）

雾霾的危害的确不小，特别是对呼吸道系统会产生大问题，会引起鼻炎、咽喉炎、肺炎等疾病，而且，长期受雾霾的影响，人的身体可能会出现癌症，例如肺癌等。此外，雾霾严重时，北京的能见度挺低，可能只有50米，这给交通带来了巨大的压力和隐患，容易导致交通事故的发生。有关部门曾做过调查，雾霾严重时，北京的交通事故会有一定幅度的增长。雾霾可能还有其他方面的危害，我一时也想不起来了，只能想起这么多。就我自己和家人来说，雾霾对身体健康的影响不是太明显，可能跟我们是北京人有关系，从小生活在北京，对于雾霾也就免疫了，适应了。相反，我感觉雾霾对于人的情绪的影响是比较明显的，容易让人的心情瞬间就不好了，如果工作中再有其他烦心的事情，心情就更容易受到雾霾的影响。当然，雾霾对于人的心情影响，来得快，也去得快。每次，雾霾对于人的心情的影响大概也就持续2—3天。尽管雾霾没有散去，可能人对于雾霾适应了吧，心情也就好转了。过一阵子，雾霾又会影响人的心情，让人感觉不开心。（记录2019090220）

我觉得它（雾霾）确实在客观上会对人体生理健康带来不利影响，尤其是对抵抗能力较弱的老人和小孩身体健康的影响更大。主要是引起呼吸系统的疾病，而且是一种慢性的疾病。另外我们要注意的是，雾霾所带来的危害，在人们的心理感知上是被无限放大的，也就是说，客观危害或许没有那么大，但在人们的心理上会觉得其危害很大。这主要是因为人们对雾霾的成分、成因以及客观带来的伤害还不是很了解有关，也就是说，普通百姓有关雾霾的科学知识还是比较缺乏的，因而政府要加强对雾霾科普知识的教育。雾霾科普知识的教育越滞后，人们对雾霾知识的了解越小，就越容易形成心理上的恐慌。还有一方面的危害在于，雾霾会引起公众对政府的不满，会导致政府公信力的下降。公众会把雾霾的形成归罪于政府环境保护的不得力，归罪于政府经济发展模式的偏差。受影响的主要是小孩和老人，雾霾持续的时候，咳嗽，而且很难治疗。记得有一年冬天，小孩咳嗽，我们以为是感冒了，到华西附属二医院，医生给我们的论断结果不是感冒，而是“社区病”，一方面叫我们不要担心，另一方面又给我们讲很难治。我也是第一次听说“社区病”这个概念，主观判断那可能是因为社区环境污染引起的。所以放寒假后，我们就带小孩去了四川西昌，那里的空气质量好，到了西昌第二天，小孩咳嗽就好了。就我的观察发现，面对雾霾，选择逃离的人还比较多，特别是寒假期间，一到假期，我的同事都选择离开成都，回老家。（记录2019032223）

据说大于2.5微米的颗粒物不会对肺部造成严重损害，但细微颗粒物PM2.5吸入体内会对人的肺部和呼吸道产生不良影响。外国媒体报道说空气污染严重会降低居民的平均寿命，不知道有没有切实根据。前几年北京一些外国人纷纷离开北京辞职回国，据说就是受不了雾霾太严重了。总之雾霾已经是很多大城市居民的一块“心病”了。雾霾天气对我和家人的身体健康有严重的影响。记得2015年冬天，我以为自己得了感冒去医院，结果医生说是肺部感染，是肺炎，最后输了液才好，肺炎给我带来了很大不便，身体遭受痛苦，心情也十分低落。前两年雾霾非常严重的冬天，心情一直比较抑郁，感觉像是世界末日，生活和工作都受到影响。也不能经常去户外走动，除非不得不出门。这两年重雾霾天气少一些了，但每年12月、1月还是有不少天会连续雾霾，面对这种情况，只能盼望雾霾早点散去，心情还是会烦躁、易怒、抑郁。可能女人本来就比较情绪化，雾霾已经成为我冬天里负面情绪的一个重大导火索。总之，成都的地理条件可能也不利于雾霾散去，我多次产生了要离开成都去雾霾少的城市定居的想法，只是由于种种原因，未能付诸行动。（记录2019032825）

雾霾作为空气污染，主要对人体的呼吸道有严重的危害，当然整体上也会对人们的健康造成许多伤害。2012年秋冬的北京，雾霾极其严重，据说大量的老年人和儿童因得呼吸道疾病入院，还有30多位老人在治疗期间因病情加剧而去世。也就是说，雾霾对抵抗力较弱的老人和儿童来说是可能致命的“毒气”。作为青年人，我的直观感受是雾霾会造成咽喉和心肺不适及损伤，长期在雾霾天气下生活的人经常会有咽炎症状或者长期咳嗽症状。身体健康方面的影响，我无法判断。从目前的情况来看，我认为就个人或者小样本范围对雾霾天气与身体健康状况的关系无法做出科学的判断。个人和小样本在数据采集方面有代表性的不足。至于对情绪的影响，我认为我自己受到至少两方面的影响。刚到成都时，我自己对雾霾很恐惧，具体表现有减少外出、安装空气净化设备、采购防雾霾口罩。慢慢的我发现，家中长辈、同事、邻居等人对我的“过激反应行为”并不理解。这便是我的第二份焦虑，来自周围人们对雾霾的漠视。借用村上春树在《挪威的森林》里所说，“如果你掉进了黑暗里，你能做的，不过是静心等待，直到你的双眼适应黑暗”。我延伸出来的焦虑正是周围人对雾霾产生的风险或危害视而不见或选择性视而不见。因为只有对雾霾的畏惧或敬畏才是雾霾治理的群众性基础和动力，而任何麻木、漠视或习得性无助都是雾霾治理的最大障碍。(记录2019033126)

雾霾的危害，应该从几个方面来理解，从宏观来看，对一个城市形象具有毁灭性的打击，就像2008年奥运会一样，竟然有部分国外运动员以空气污染为由不来参赛，不论他们的真实动机如何，但至少这种舆论传播对城市的负面影响不能忽视。另外，对于当地政府的治理能力也是一种考验，雾霾天气的出现会让政府的发展理念中存在的不足、污染治理能力的短板等问题被无限放大，甚至被妖魔化，从而影响政府公信力。从个人来看，大家对雾霾天气的普遍厌恶说明了情绪受到了很大干扰，对于一些患有呼吸系统疾病的人来说，可能会有一些严重影响。我和家人的身体状况并没有因此受到明显影响，家里也没有重大疾病发生，但是情绪上讲，的确受到了巨大干扰，并且还一度怀疑选择成都这样一个极易发生雾霾的地理环境作为定居地是不是错误的。(记录2019041027)

看得见的雾霾带来的影响是航班延误或取消，高速公路关闭。雾霾损害了城市居民的健康甚至危及生命。阴郁天气下，精神上也会变得阴郁起来。就像英国一位小说家曾经说的那样，“在又浓又黑的雾中生活，即使是一个充满活力和希望的心灵，也会变得低落和困顿”。雾霾对城市建筑物也造成了严重的破坏。雾霾中的绿色植物也遭殃，叶片暗淡无光甚至纷纷掉落。雾霾既会吸引生活其中的人们所有的注意力，因为除极少数人能够逃离外大多数人几乎无处遁形。雾霾也会让很多人丧失警惕，心想“偶尔呼吸毒空气也不至于死”。雾霾的可怕之处恰恰在于，它不像传染病那样几天或几周之内让人致病、致死，后果显而易见；相反，雾霾造成的后果模糊而隐蔽，仿佛温水煮青蛙一样慢慢地吞噬我们。雾霾如果让生活其中的大多数人感觉到是一种严重威胁，并因此意识到天空并不是无所不能地藏垢纳污，天空也有容留人类活动产物的边界，因此包括自己在内的每个人联合起来共同为改善空气质量而努力才是唯一之途，那么雾霾所带来的不仅仅是悲剧，而且是城市的救赎——它终于让生活其中的人走上可持续发展之路。雾霾危及了我和我的家人健康是显然易见的。据说鼻炎就是空气恶化导致人体易患的一种疾病，我和孩子不幸都中招了，很难受，继而带来难以控制的烦躁心情，以至于我们经常萌生出逃离成都的念头。(记录2019041229)

雾霾的危害，我想主要表现在三个方面，一个是对身体，特别是人体呼吸系统的影响；二是对能见度的影响；三是对雾霾下人们心情的影响。我一直没有买空气净化器，倒是朋友送了一台，朋友说有效果，我的感觉是较之窗外的昏天黑地，房间里嗡嗡作响的机器实在是杯水车薪。所以相比于身体健康，我想我更多受到了雾霾的心理影响。成都冬日本来阳光就很稀奇珍贵，所谓“蜀犬吠日”，如果再加上雾霾遮天蔽日，就更是心情郁闷、压抑，仿佛透不过气来。(记录2019041531)

从以上部分访问记录中可以看出，深度访问的对象在谈到雾霾的微观危害时，几乎无一例外提及身体健康上的直接损害以及由此引发的心理上的焦虑与抑郁情绪，更有受访者不无忧虑地谈到对雾霾的漠视和适应是妨碍政府雾霾治理的最大敌人。而宏观意义上不少受访者也提及，雾霾带来能见度的降低引发交通事故案件的攀升以及航班的延误乃至取消，雾霾使得城市形象受损并因此失去城市吸引力，雾霾使得游客外出目的地发生变更，雾霾甚至成为一些地方群众发泄不满情绪引发社会不稳定的导火索，等等。

进一步将所属城市、年龄、文化程度、职业背景、居住地、家庭年收入作为自变量，雾霾个人风险认知作为因变量进行均值比较（方差分析）。统计结果见表4－4。

第一，在雾霾诱发呼吸道疾病、雾霾引发心脑血管疾病、雾霾引发各种细菌性疾病、雾霾提高了患肺癌等重症的风险、雾霾使人们心情压抑和烦躁、雾霾增加自杀行为的风险、雾霾对我和家人的身体健康构成威胁、雾霾对我和家人的心理健康构成威胁、雾霾对我生活/工作/学习带来影响等9项雾霾造成的个人风险认知中，北京市居民的均值得分均高于成都市居民；其中两市居民在雾霾诱发呼吸道疾病、雾霾使人们心情压抑和烦躁、雾霾增加自杀行为的风险、雾霾对我和家人的身体健康构成威胁、雾霾对我生活/工作/学习带来影响等5项认同度上具有显著性差异。

第二，在雾霾造成的9项个人风险认知中，40—49岁年龄段的均值得分较高；其中在雾霾引发心脑血管疾病、雾霾引发各种细菌性疾病、雾霾提高了患肺癌等重症的风险、雾霾使人们心情压抑和烦躁、雾霾增加自杀行为的风险、雾霾对我和家人的身体健康构成威胁、雾霾对我和家人的心理健康构成威胁、雾霾对我生活/工作/学习带来影响等8项上均通过显著性差异检验。

第三，在雾霾造成的9项个人风险认知中，文化程度为硕士及以上的居民均值得分较高；其中在雾霾诱发呼吸道疾病、雾霾提高了患肺癌等重症的风险、雾霾使人们心情压抑和烦躁、雾霾增加自杀行为的风险、雾霾对我和家人的身体健康构成威胁等 5 项上均通过显著性差异检验。

第四，在雾霾造成的 9 项个人风险认知中，职业背景为事业单位人员的居民均值得分较高；其中雾霾引发心脑血管疾病、雾霾引发各种细菌性疾病、雾霾提高了患肺癌等重症的风险、雾霾使人们心情压抑和烦躁、雾霾对我和家人的心理健康构成威胁、雾霾对我生活/工作/学习带来影响等 6 项上均通过显著性差异检验。

第五，在雾霾造成的 9 项个人风险认知中，居住地为主城区的居民得分均高于郊区居民；其中在雾霾引发心脑血管疾病、雾霾引发各种细菌性疾病、雾霾增加自杀行为的风险、雾霾对我和家人的身体健康构成威胁、雾霾对我生活/工作/学习带来影响等 5 项上均通过显著性差异检验。

第六，在雾霾造成的 9 项个人风险认知中，家庭年收入较高的居民得分高于家庭年收入较低的居民；其中在雾霾使人们心情压抑和烦躁、雾霾增加自杀行为的风险、雾霾对我和家人的身体健康构成威胁、雾霾对我生活/工作/学习带来影响等 4 项上均通过显著性差异检验。

表 4－4　城市、年龄、文化程度、职业背景、居住地、家庭年收入与雾霾个人风险认知

变量		呼吸道疾病	心脑血管疾病	细菌性疾病	肺癌风险	情绪低落	自杀行为	身体健康	心理健康	生活/工作/学习
城市	合计	4.42	3.70	3.99	4.32	4.23	3.27	4.12	3.72	3.91
	北京	4.47	3.72	4.00	4.35	4.31	3.35	4.21	3.75	4.00
	成都	4.37	3.67	3.99	4.30	4.15	3.19	4.04	3.68	3.83
	F	4.835	0.763	0.042	1.156	7.937	4.648	9.195	1.015	6.502
	显著性	0.028**	0.383	0.838	0.283	0.005**	0.031**	0.003**	0.314	0.011**

续表

变量		呼吸道疾病	心脑血管疾病	细菌性疾病	肺癌风险	情绪低落	自杀行为	身体健康	心理健康	生活/工作/学习
年龄	29 岁及以下	4. 40	3. 53	3. 86	4. 21	4. 13	3. 05	4. 07	3. 58	3. 76
	30—39 岁	4. 46	3. 80	4. 07	4. 41	4. 34	3. 43	4. 19	3. 83	4. 03
	40—49 岁	4. 42	3. 96	4. 21	4. 50	4. 26	3. 47	4. 26	3. 79	4. 15
	50 岁及以上	4. 39	3. 68	3. 96	4. 23	4. 22	3. 35	3. 87	3. 77	3. 81
	F	0. 641	9. 154	6. 063	6. 635	3. 508	8. 950	4. 449	3. 914	7. 749
	显著性	0. 589	0. 000 **	0. 000 **	0. 000 **	0. 015 **	0. 000 **	0. 004 **	0. 009 **	0. 000 **
文化程度	初中及以下	4. 10	3. 45	3. 76	3. 81	3. 67	2. 62	3. 43	3. 43	3. 57
	高中	4. 41	3. 57	3. 93	4. 30	4. 20	3. 21	3. 91	3. 54	3. 77
	大专	4. 19	3. 65	4. 10	4. 17	4. 12	3. 17	4. 17	3. 90	3. 87
	本科	4. 41	3. 68	3. 98	4. 33	4. 20	3. 26	4. 16	3. 77	3. 93
	硕士及以上	4. 52	3. 76	4. 01	4. 39	4. 33	3. 34	4. 15	3. 67	3. 95
	F	5. 969	1. 189	0. 829	4. 114	4. 133	2. 645	5. 087	2. 216	1. 262
	显著性	0. 000 **	0. 314	0. 507	0. 003 **	0. 003 **	0. 032 **	0. 000 **	0. 066	0. 283
职业背景	国家机关干部	4. 42	3. 84	3. 95	4. 39	4. 12	3. 40	4. 11	3. 91	3. 91
	企业单位人员	4. 40	3. 61	4. 06	4. 38	4. 27	3. 30	4. 19	3. 80	4. 01
	事业单位人员	4. 50	3. 85	4. 08	4. 48	4. 33	3. 40	4. 19	3. 73	4. 00

续表

变量		呼吸道疾病	心脑血管疾病	细菌性疾病	肺癌风险	情绪低落	自杀行为	身体健康	心理健康	生活/工作/学习
职业背景	进城务工者	4.43	3.52	3.91	4.35	4.61	3.09	4.04	3.78	4.09
	个体经营者	4.37	3.58	4.03	4.03	4.18	3.11	4.11	3.82	3.87
	离退休人员	4.17	3.50	3.46	3.75	3.83	3.17	3.67	3.46	3.54
	农业劳动者	4.46	4.08	4.08	4.46	3.85	2.77	3.69	3.54	3.77
	学生	4.45	3.62	3.84	4.16	4.16	3.08	4.04	3.47	3.67
	F	1.899	2.330	2.359	5.490	3.225	1.771	2.055	2.189	2.534
	显著性	0.057	0.018**	0.016**	0.000**	0.001**	0.079	0.038**	0.026**	0.010**
居住地	主城区	4.45	3.77	4.05	4.34	4.27	3.33	4.18	3.75	3.98
	郊区	4.37	3.56	3.89	4.29	4.16	3.15	4.01	3.65	3.78
	F	2.783	9.898	6.880	1.033	2.982	5.248	8.584	1.859	8.607
	显著性	0.096	0.002**	0.009**	0.310	0.085	0.022**	0.003**	0.173	0.003**
家庭年收入	5万元及以下	4.31	3.60	3.83	4.12	4.05	2.95	3.77	3.49	3.61
	5万—10万元	4.43	3.64	4.01	4.34	4.26	3.32	4.12	3.76	3.94
	10万—20万元	4.38	3.67	3.96	4.31	4.16	3.25	4.13	3.69	3.86
	20万—50万元	4.50	3.81	4.08	4.41	4.38	3.35	4.25	3.79	4.04
	50万元及以上	4.51	3.67	4.04	4.33	4.18	3.35	4.14	3.78	4.12
	F	1.962	1.388	1.577	2.284	3.554	2.484	5.463	1.703	4.191
	显著性	0.098	0.236	0.178	0.059	0.007**	0.042**	0.000**	0.147	0.002**

将所属城市、年龄、文化程度、职业背景、家庭年收入作为自变量，雾霾非个人风险认知作为因变量进行均值比较（方差分析）。统计结果见表4-5。

第一，在雾霾增加交通事故的风险、雾霾对本市形象造成负面影响、雾霾造成对政府作为的不信任、雾霾影响社会稳定、本市雾霾污染依然严重等5项雾霾造成的非个人风险认知中，有3项（即雾霾对本市形象造成负面影响、雾霾造成对政府作为的不信任、雾霾影响社会稳定）北京市居民的均值得分高于成都市居民，有2项（即雾霾增加交通事故的风险、本市雾霾污染依然严重）成都市居民的均值得分高于北京市居民；其中两市居民在雾霾对本市形象造成负面影响、雾霾造成对政府作为的不信任2项认同度上具有城市之间的显著性差异。

第二，在雾霾造成的5项非个人风险认知中，50岁及以上年龄段居民在雾霾造成交通事故风险认知得分上最高，30—39岁居民在雾霾对本市形象造成负面影响风险认知得分上最高，而40—49岁的居民在后三项上得分最高；其中有3项即在雾霾对本市形象造成负面影响、雾霾造成对政府作为的不信任、雾霾影响社会稳定认同度上通过年龄组之间的显著性差异检验。

第三，在雾霾造成的5项非个人风险认知中，文化程度较高的居民均值得分较高；其中有2项即在雾霾对本市形象造成负面影响、雾霾造成对政府作为的不信任认同度上通过显著性差异检验。

第四，在雾霾造成的5项非个人风险认知中，职业背景为农业劳动者的居民在雾霾增加交通事故的风险上得分最高，职业背景为事业单位人员的居民在雾霾对本市形象造成负面影响、雾霾造成对政府作为的不信任、雾霾影响社会稳定等3项上得分较高，职业背景为企业单位人员的居民在本市雾霾污染依然严重上得分最高；其中有4项即在雾霾对本市形象造成负面影响、雾霾造成对政府作为的不信任、雾霾影响社会稳定、本市雾霾污染依然严重认同度上通过显著性差异检验。

第五，在雾霾造成的 5 项非个人风险认知中，家庭年收入较低的居民在雾霾增加交通事故的风险上得分最高，家庭年收入在中高收入以上的居民在其他 4 项上得分较高；其中有 3 项即在雾霾对本市形象造成负面影响、雾霾造成对政府作为的不信任、本市雾霾污染依然严重认同度上通过显著性差异检验。

表 4－5　　城市、年龄、文化程度、职业背景、家庭年收入与雾霾非个人风险认知

变量		交通事故风险	城市形象破坏	政府作为不信任	社会稳定破坏	本市雾霾严重性
城市	总计	4.26	4.43	3.80	3.35	3.74
	北京	4.25	4.55	3.92	3.40	3.69
	成都	4.28	4.32	3.68	3.29	3.79
	F	0.373	20.028	12.436	2.277	2.031
	显著性	0.542	0.000**	0.000**	0.132	0.155
年龄	29 岁及以下	4.28	4.38	3.65	3.25	3.73
	30—39 岁	4.21	4.56	3.92	3.38	3.77
	40—49 岁	4.32	4.40	3.95	3.57	3.78
	50 岁及以上	4.33	4.22	3.80	3.36	3.61
	F	0.934	5.703	5.244	3.060	0.523
	显著性	0.424	0.001**	0.001**	0.028**	0.666
文化程度	初中及以下	4.14	3.57	3.33	3.38	3.48
	高中	4.32	4.07	3.34	3.20	3.59
	大专	4.33	4.29	3.58	3.36	3.65
	本科	4.25	4.44	3.82	3.37	3.85

续表

变量		交通事故风险	城市形象破坏	政府作为不信任	社会稳定破坏	本市雾霾严重性
文化程度	硕士及以上	4. 26	4. 58	3. 94	3. 34	3. 70
	F	0. 448	16. 005	7. 492	0. 364	1. 901
	显著性	0. 774	0. 000 **	0. 000 **	0. 834	0. 108
职业背景	国家机关干部	4. 22	4. 33	3. 72	3. 30	3. 72
	企业单位人员	4. 22	4. 46	3. 89	3. 42	3. 96
	事业单位人员	4. 31	4. 58	4. 02	3. 42	3. 76
	进城务工者	4. 35	4. 22	3. 22	3. 35	3. 43
	个体经营者	4. 34	4. 32	3. 63	3. 39	3. 92
	离退休人员	4. 21	3. 96	3. 50	2. 92	3. 38
	农业劳动者	4. 38	3. 69	2. 69	2. 69	3. 08
	学生	4. 26	4. 45	3. 65	3. 19	3. 50
	F	0. 463	5. 167	6. 283	2. 360	4. 197
	显著性	0. 882	0. 000 **	0. 000 **	0. 016 **	0. 000 **
家庭年收入	5 万元及以下	4. 27	4. 17	3. 37	3. 13	3. 39
	5 万—10 万元	4. 33	4. 36	3. 81	3. 40	3. 78
	10 万—20 万元	4. 25	4. 42	3. 75	3. 29	3. 74
	20 万—50 万元	4. 26	4. 59	3. 95	3. 47	3. 84
	50 万元及以上	4. 10	4. 53	4. 18	3. 35	3. 84
	F	0. 937	6. 214	7. 959	2. 278	3. 371
	显著性	0. 442	0. 000 **	0. 000 **	0. 059	0. 010 **

在发放的调查问卷中，本研究将影响城市居民雾霾风险认知的因素概括为两方面：第一，客观外部环境，包括政府公布的空气质量和环境质量指数、周围戴口罩的人数比例、朋友和同事的交流与看法、传统媒体的报道、网络媒体的信息；第二，主观感受，包括对周围环境的观察与感受、自己身体健康状况、自己心理健康状况。统计结果见表4－6。

近90%的调查对象认为“对周围环境的观察与感受”较大或很大影响了自己对雾霾风险大小的判断；而70%以上的调查对象认为“政府公布相关指数”“自己身体健康状况”“网络媒体的信息”“周围戴口罩的人数比例”较大或很大影响了自己对雾霾风险大小的认知；选择“传统媒体的报道”“朋友和同事的交流与看法”“自己心理健康状况”3项的调查对象相对较少，但也在一半人数以上。

表4－6　　影响城市居民雾霾风险认知的若干因素（%）

影响因素	没有影响	较少影响	不好说	较大影响	很大影响	合计	均值	标准差
对周围环境的观察与感受	0.2	4.2	7.3	51.3	37.0	88.3	4.20	0.770
政府公布相关指数	1.1	10.0	14.8	51.8	22.3	74.1	3.84	0.920
自己身体健康状况	1.6	9.3	17.4	46.9	24.8	71.7	3.84	0.955
网络媒体的信息	1.8	9.1	18.3	50.7	20.1	70.8	3.78	0.929
周围戴口罩的人数比例	1.9	10.8	16.8	50.6	19.9	70.5	3.76	0.956
传统媒体的报道	2.2	12.2	15.7	52.5	17.3	69.8	3.71	0.965
朋友和同事的交流与看法	1.9	13.7	21.1	50.7	12.6	63.3	3.58	0.941
自己心理健康状况	2.8	17.3	27.2	38.6	14.0	52.6	3.44	1.021

将影响城市居民雾霾风险认知的若干因素，即①政府公布相关指数、②对周围环境的观察与感受、③自己身体健康状况、④自己心理健康状况、⑤周围戴口罩的人数比例、⑥朋友和同事的交流与看法、⑦传统媒体的报道、⑧网络媒体的信息作为自变量，将“雾霾对我和家人的身体健康构成威胁”“雾霾对我和家人的心理健康构成威胁”“雾霾对我生活/工作/学习带来影响”“雾霾总体风险认知”作为因变量，运用逐步回归法，得到4个线性回归方程模型，分别解释了各自因变量的16.5%、20.8%、21.5%、27.2%，见表4－7。

表4－7　城市居民雾霾风险认知的回归方程模型

自变量	因变量	线性回归方程模型	R^2	Sig
①政府公布相关指数、②对周围环境的观察与感受、③自己身体健康状况、④自己心理健康状况、⑤周围戴口罩的人数比例、⑥朋友和同事的交流与看法、⑦传统媒体的报道、⑧网络媒体的信息	身体健康威胁	Y＝0.182×因素③＋0.130×因素⑥＋0.144×因素②＋0.094×因素④	0.165	0.000
	心理健康威胁	Y＝0.377×因素④＋0.159×因素6	0.208	0.000
	生活工作学习影响	Y＝0.218×因素4＋0.164×因素⑥＋0.174×因素③＋0.072×因素①	0.215	0.000
	雾霾总体风险认知	Y＝0.315×因素④＋0.179×因素②＋0.130×因素⑥＋0.098×因素⑧	0.272	0.000

第三节　雾霾可控程度认知

在发放的调查问卷中，雾霾可控程度认知的题项有“雾霾产生的源头”“雾霾形成的过程”“雾霾影响的范围”“雾霾对人体的危害”4项，选项为“完全失控”“难以控制”“不清楚”“部分可控”“完全可控”。统计中，分别将5个选项赋值为1、2、3、4、5分，得分越高，说明对雾霾各方面可控程度的认知越高。统计结果显示，对 4 项可控程度认知的均值分别为 3.58、3.43、3.32、3.19 分，见表 4-8。

表 4-8　　城市居民对雾霾可控程度的认知（%）

雾霾可控程度认知	完全失控	难以控制	不清楚	部分可控	完全可控	均值	标准差
雾霾产生的源头	1.3	15.7	16.8	55.4	10.7	3.58	0.923
雾霾形成的过程	1.6	13.0	32.7	46.2	6.5	3.43	0.855
雾霾影响的范围	2.8	22.3	21.1	47.3	6.5	3.32	0.982
雾霾对人体的危害	5.3	26.4	17.3	45.9	5.1	3.19	1.051

进一步将所属城市、年龄、文化程度、职业背景、家庭年收入作为自变量，雾霾可控程度认知作为因变量进行均值比较（方差分析）。统计结果见表 4-9。

第一，在雾霾产生的源头、雾霾形成的过程、雾霾影响的范围、雾霾对人体的危害等 4 项可控程度认知中，成都市居民的均值均高于北京市居民；其中两市居民在雾霾对人体的危害可控程度认知上具有显著性差异。

第二，在雾霾产生的源头、雾霾形成的过程、雾霾影响的范围、雾霾对人体的危害等 4 项可控程度认知中，30—39 岁居民在雾霾产生的源头、雾霾形成的过程 2 项可控程度上均值最高，50 岁及以上年龄段居民在雾霾影响的范围、雾霾对人体的危害 2 项可控程度上均值最高；不同年龄仅在雾霾对人体危害可控程度认知上具有显著性差异。

第三，在雾霾产生的源头、雾霾形成的过程、雾霾影响的范围、雾霾对人体的危害等 4 项可控程度认知中，文化程度为硕士及以上的居民在雾霾产生的源头、雾霾形成的过程 2 项可控程度上均值最高，文化程度为高中的居民在雾霾影响的范围、雾霾对人体的危害 2 项可控程度上均值最高；不同文化程度仅在雾霾对人体危害可控程度认知上具有显著性差异。

第四，在雾霾产生的源头、雾霾形成的过程、雾霾影响的范围、雾霾对人体的危害等 4 项可控程度认知中，进城务工者在雾霾产生的源头可控程度上均值最高，离退休人员在雾霾形成的过程、雾霾影响的范围、雾霾对人体的危害 3 项可控程度上均值最高；不同职业背景仅在雾霾对人体的危害可控程度认知上具有显著性差异。

第五，在雾霾产生的源头、雾霾形成的过程、雾霾影响的范围、雾霾对人体的危害等 4 项可控程度认知中，中低收入家庭均值较高；不同年收入家庭仅在雾霾对人体危害可控程度认知上具有显著性差异。

表 4－9　城市、年龄、文化程度、职业背景、家庭年收入与雾霾可控程度认知

变量		雾霾产生的源头	雾霾形成的过程	雾霾影响的范围	雾霾对人体的危害
城市	总计	3.58	3.43	3.32	3.19
	北京	3.58	3.40	3.27	3.00
	成都	3.59	3.46	3.38	3.38
	F	0.046	0.855	2.330	28.359
	显著性	0.831	0.356	0.127	0.000**
年龄	29 岁及以下	3.59	3.40	3.26	3.14
	30—39 岁	3.61	3.48	3.33	3.11
	40—49 岁	3.59	3.42	3.41	3.35
	50 岁及以上	3.43	3.36	3.49	3.51
	F	0.672	0.674	1.565	3.797
	显著性	0.569	0.568	0.197	0.010**

续表

变量		雾霾产生的源头	雾霾形成的过程	雾霾影响的范围	雾霾对人体的危害
文化程度	初中及以下	3. 38	3. 38	3. 43	3. 90
	高中	3. 64	3. 45	3. 57	3. 55
	大专	3. 46	3. 32	3. 21	3. 27
	本科	3. 52	3. 38	3. 31	3. 01
	硕士及以上	3. 68	3. 51	3. 32	3. 24
	F	2. 012	1. 366	1. 228	6. 911
	显著性	0. 091	0. 244	0. 297	0. 000 **
职业背景	国家机关干部	3. 45	3. 41	3. 45	3. 28
	企业单位人员	3. 49	3. 35	3. 24	2. 95
	事业单位人员	3. 69	3. 52	3. 39	3. 30
	进城务工者	3. 70	3. 39	3. 43	3. 39
	个体经营业者	3. 47	3. 37	3. 42	3. 37
	离退休人员	3. 46	3. 58	3. 46	3. 58
	农业劳动者	3. 38	3. 54	3. 38	3. 54
	学生	3. 66	3. 39	3. 20	3. 16
	F	1. 286	1. 004	1. 221	3. 331
	显著性	0. 247	0. 431	0. 283	0. 001 **
家庭年收入	5 万元及以下	3. 66	3. 41	3. 40	3. 43
	5 万—10 万元	3. 54	3. 44	3. 35	3. 38
	10 万—20 万元	3. 57	3. 46	3. 28	3. 18
	20 万—50 万元	3. 64	3. 44	3. 38	3. 02
	50 万元及以上	3. 45	3. 22	3. 12	2. 86
	F	0. 731	0. 830	0. 958	5. 457
	显著性	0. 571	0. 506	0. 430	0. 000 **

第四节　对政府治霾工作的认知

在发放的调查问卷中，本研究将对政府治霾工作的认知分为两个维度（即中央政府和地方政府维度、治霾工作和空气质量信息公开化工作维度）四个方面，选项有“很不满意”“不太满意”“不好说”“比较满意”“非常满意”，并分别赋值为1、2、3、4、5分。统计结果见表4－10。

表4－10　　城市居民对政府治霾工作的认知（%）

工作认知	很不满意	不太满意	不好说	比较满意	非常满意	小计	均值	标准差
中央政府治霾	1.8	13.0	19.6	56.8	8.8	65.6	3.58	0.889
中央政府信息化	1.9	13.4	24.9	50.6	9.1	59.7	3.51	0.904
地方政府信息化	3.1	17.8	28.7	44.4	5.9	50.3	3.32	0.940
地方政府治霾	3.0	20.2	27.4	42.9	6.5	49.4	3.30	0.963

两市居民对中央政府治霾工作的满意度（65.6%）高于对地方政府治霾工作的满意度（49.4%），对中央政府空气质量信息公开化工作的满意度（59.7%）高于对地方政府空气质量信息公开化工作的满意度（50.3%）①；

---

① 基于2003—2017年3.1万名中国城乡居民面对面的调查，哈佛大学肯尼迪政府学院阿什民主治理与创新中心在其名为《理解中国共产党韧性：中国民意长期调查》（*Understanding CCP Resilience：Surveying Chinese Public Opinion Through Time*）的报告中指出，2016年，中国民众对中央政府、省（直辖市）、市县、乡镇四级政府的满意度分别为93.1%、81.7%、73.9%和70.2%，呈现出“整体而言，政府等级越高，民众满意度越高”的现象。中国大陆的实证研究数据也支持中国政府信任“央强地弱、层级递减”的特点。学者把“民众对中央政府的信任度高于地方政府，对上级政府的信任高于下级政府”的这种现象概括为“差序政府信任”。对“差序政府信任”特征的可能解释有中央集权制度下，中央政府比地方政府拥有更多的资源和权力去解决诸如环保、扶贫、反腐等全局性问题；中央政府比地方政府与普通民众的距离较远，民众对其了解和接触相对有限，因此民众更容易产生对中央政府的赞赏与支持；中央政府比地方政府也更容易获得媒体的报道和宣传，从而使公众更容易了解其成就和贡献。

4 个方面工作的均值分别为 3. 58、3. 51、3. 32、3. 30 分。

进一步将所属城市、文化程度、职业背景、居住地、自陈健康状况作为自变量，居民对政府治霾工作认知作为因变量进行均值比较（方差分析）。统计结果见表 4 – 11。

表 4 – 11　　城市、文化程度、职业背景、居住地、自陈健康状况与居民对政府治霾工作认知

变量		中央政府治霾	地方政府治霾	中央政府信息公开化	地方政府信息公开化
城市	北京	3. 65	3. 28	3. 51	3. 28
	成都	3. 51	3. 31	3. 52	3. 36
	F	5. 241	0. 249	0. 071	1. 654
	显著性	0. 022 **	0. 618	0. 790	0. 199
文化程度	初中及以下	3. 90	3. 81	3. 90	3. 71
	高中	3. 73	3. 59	3. 73	3. 52
	大专	3. 31	3. 10	3. 50	3. 29
	本科	3. 44	3. 14	3. 38	3. 19
	硕士及以上	3. 74	3. 42	3. 58	3. 40
	F	8. 024	7. 632	4. 008	3. 655
	显著性	0. 000 **	0. 000 **	0. 003 **	0. 006 **
职业背景	国家机关干部	3. 67	3. 52	3. 55	3. 45
	企业单位人员	3. 38	3. 09	3. 33	3. 14
	事业单位人员	3. 69	3. 37	3. 59	3. 35
	进城务工者	3. 65	3. 48	3. 83	3. 48
	个体经营者	3. 53	3. 11	3. 74	3. 45

续表

变量		中央政府治霾	地方政府治霾	中央政府信息公开化	地方政府信息公开化
职业背景	离退休人员	3.71	3.42	3.67	3.54
	农业劳动者	4.00	3.85	3.92	3.92
	学生	3.70	3.41	3.58	3.41
	F	3.400	3.203	2.965	2.658
	显著性	0.001**	0.001**	0.003**	0.007**
居住地	主城区	3.53	3.24	3.42	3.24
	郊区	3.67	3.40	3.69	3.48
	F	4.633	5.045	16.943	12.025
	显著性	0.032**	0.025**	0.000**	0.001**
自陈健康状况	较差	3.52	3.33	3.57	3.57
	一般	3.45	3.22	3.42	3.23
	较好	3.63	3.28	3.49	3.30
	很好	3.75	3.52	3.81	3.56
	F	4.023	3.091	5.872	4.340
	显著性	0.007**	0.026**	0.001**	0.005**

第一，在对中央政府治霾工作的认知上，北京市居民的均值高于成都市居民；两市居民在这一认知上具有显著性差异。第二，在中央政府治霾、中央政府空气质量信息公开化、地方政府治霾、地方政府空气质量信息公开化等 4 项工作认知中，初中及以下文化程度的居民在所有文化程度的居民中均值最高，且通过显著性差异检验。第三，

职业背景为农业劳动者的居民在所有职业背景的居民中均值最高，且通过显著性差异检验。第四，自陈健康状况很好的居民在4项工作认知中的均值相对较高，且通过显著性差异检验。

深度访问中，两市居民就“在过去几年内，您了解中央或地方政府在治理雾霾方面采取了哪些措施？这些措施是否有效？您对雾霾治理的效果是否满意”的问题，大多数受访者对“空气污染”表现出很大的担心，从而对政府工作表现出一定程度不满，但人们注意到不管中央政府还是地方政府都采取了一系列措施，对环境治理依然保持乐观，并乐观预计当地空气质量在未来几年内会有所改善。

我关注到中央政府主要是完善相关法律法规，通过节能减排的相关政策来治理雾霾。北京作为首善之区，做了很多努力，比如把首钢等高能耗、高污染企业搬离首都，推行新能源汽车、公交车，等等。这些措施起到了一定的效果，较之此前空气质量得到了改善。能明显感觉到雾霾持续的天数减少了，雾霾的程度减轻了，蓝天白云的现象普遍存在了。从总体上看，我对于政府治理北京雾霾的行动和结果是基本满意的。但是，治理雾霾仍然存在着提升的空间。（记录2019073101）

应该说，我对中央政府或地方政府在近年来针对雾霾所采取的治理措施只是有所了解。首先，北京实施了较为可行的车辆限行政策，既能够减少车辆的拥堵，又能够减少汽车尾气的排放。其次，北京在近几年内相继关闭或搬迁了一大批高排放、高污染、高能耗的企业，例如重工业中碳排放量较高的企业被关闭或者搬迁，轻工业中的印刷厂、喷漆厂被相继关闭或搬迁等。最后，一些居住区不再采用煤供暖，而是采用天然气供暖等。这些措施比较给力，使北京的雾霾治理取得了明显的效果，我个人对此是满意的。但是，雾霾治理所采取的措施，直接会影响一部分人的生活和就业的状况，鉴于此，雾霾治理需要循序渐进和通盘考虑各种情况。（记录2019080202）

我了解到中央政府在最近几年出台了一些跟环保相关的法律和政策，在全民范围内大力倡导“绿水青山就是金山银山”的价值观念，对地方政府加大了环保监督力度，把环境保护列入政绩考核的主要指标。除此之外，中央政府、地方政府先后关闭了诸多产能落后、环境污染大的企业，同时加大了对企业生产和排放的监督力度，将“不得在露天焚烧秸秆”甚至写入了法律，对于在露天焚烧秸秆的人会进行行政拘留处罚。这些跟地方政府的政绩挂钩的措施以及实施，使得地方政府不得不重视环保。我对于北京治理雾霾的效果是比较满意的，对于有些地方上治理雾霾的效果不太满意，因为有些地方政府对于关停污染大的中小企业的力度不够，导致一些地方的雾霾状况还是比较严重。（记录2019080303）

北京治理雾霾的力度在全国是领先的。这是由北京的首都功能定位决定的，但从某一侧面来说，也是问题倒逼机制的结果，是由北京的雾霾严重程度决定的。我们的政府是敢于担当、勇于作为的政府，在雾霾治理方面是下了大力气的。我所知道的，例如整个京津冀地区实现了煤改电，在很大程度上减轻了农村燃煤取暖所产生的巨大污染，这就从根源上切断了冬季取暖造成的雾霾来源。我们出去做过调研，北京市内很多老旧小区，以前还在使用煤炭单独供暖，有些小区真的是每家每户门前还有烧煤炉。一是占位置，影响小区公共道路空间；二是造成污染，煤炭放置影响环境美观，燃烧影响空气质量，还存在很多安全隐患。应该是2018年前后我再去这些小区的时候，已经完成了燃气改造，有了很大改观。单从煤改气这一项措施来看，政府的这些作为效果是非常明显的，总体非常满意。其他措施应该也是很有效果的，不得不说政府还是比较精准地把住了脉，对症下药，猛药治疴。（记录2019080605）

北京市市长在治理环境方面向中央立下了军令状，而北京各区政府又向北京市政府立下了军令状。透过这些行动，我们就能够感觉出中央政府和各地方政府对于治理雾霾的力度和决心有多大了。近几年来，有一大批法律、政策相继得以出台，其都与环境保护和雾霾治理息息相关。这些法律和政策为各类社会主体保护生态环境、治理雾霾提供了坚实的保障。此外，北京市开展了“煤改气”专项行动，逐渐使煤在供暖和生活中得以淘汰，大大降低了燃煤导致雾霾的发生情况。再次，最近几年，北京市对于污染严重的企业的搬迁或关停力度是非常大的，例如首钢的搬迁，搬迁或关停这些企业会影响到大量职工的工作和生活状态，没有较大的魄力和勇气是万万办不到的。此外，北京还对汽车的出行进行限号，减少了汽车尾气的排放量，而这无疑也大大有助于北京雾霾的减少。显然，以上这些措施是非常有效的，现阶段北京的雾霾的确已不如前几年那样严重了。我对于北京的雾霾治理效果暂时感到满意，毕竟雾霾不能一下子治理好，得有一个过程才行。但政府和其他各类主体不能停止或减缓对雾霾的继续治理力度，要继续发力，将雾霾治理得更好。（记录2019080807）

我所了解的政府采取的主要措施有农村禁用煤取暖；水泥行业冬季严控产能，限产甚至停产；冬季严格限制水泥罐车进入城区；提升燃油车的燃油标准，强制淘汰“黄标车”；汽车限号、限行等。对于以上措施所取得的效果，虽然能够感觉到环境有所改进，但说不上是很满意。一是对雾霾内心的恐惧心理难以消除；二是偶发性的雾霾情况依然存在；三是感觉政府在有效防护上的宣传力度明显不够，倒是有各类商家参差不齐的产品宣传；四是在雾霾治理的效果宣传上也明显存在力度不够的情况，每天只是通报 PM2.5 的数据，仅起到提醒民众的作用，不能从根本上让民众看到好的结果导向。（记录 2019081713）

对于政府治理雾霾的措施，我了解到一些。例如，首先，搬迁有污染的企业，其中首钢以及化工厂的搬迁对于改善北京的雾霾状况发挥了大作用。其次，加大了对汽车尾气排放标准的监督。凡是汽车尾气排放量不达标的，政府一律不准其上路行驶。再次，煤改气。还有一些细节上的规定，比如北京现在的垃圾分类措施越来越见力度了，分类后的垃圾也能减少空气中的污染物。除此之外，就饭店经营而言，政府要求所有的饭店都必须安装空气净化器，而且对空气净化的标准提高了，否则不让开饭店。安装空气净化器和抽油烟机后，饭店的耗电量大大增加了，但这些设备对于减少空气污染肯定是有效果的。此外，政府现阶段已经不让居民在露天场所、公路边摆放摊位了。我觉得以上这些治理雾霾的措施，一定程度上提高了饭店经营的成本，但对于提高空气质量应该是立竿见影的。我对政府治理雾霾的效果挺满意，呼吸空气不特别难受了。当然，治理雾霾在现阶段仍然还有提升的空间，仍然还是一件任重道远的事情。（记录 2019081814）

我了解中央政府为治理雾霾采取了一系列密集的措施，包括修订《中华人民共和国大气污染防治法》。成都市地方政府也出台了一系列地方性防治大气污染的法规。从法律、法规和政策上加强大气污染的防治是先发国家治理污染的共同经验和通行做法。比如从 2017 年开始的中央环保督察风暴覆盖了全国 31 省市，直接推动了包括大气污染在内的环境问题的发现以及整改。成都市政府也响亮地喊出了“铁腕治霾”的口号。我们也可以亲眼所见秋冬季雾炮这样的装置巡回出现在城市的大街小巷中，力图降尘去霾。应该说，中央和地方政府采取的一系列措施遏制了前两年雾霾频发的态势，回应了广大深受雾霾之害的群众的关切。尽管雾霾治理的道路还很漫长，但我所生活的成都市的雾霾治理效果是显而易见的。（记录2019032021）

我经常关注中央的治霾措施，比如“污染防治攻坚战”“蓝天保卫战”“柴油货车污染治理攻坚战”。我国的环境保护已在多方面立法，违背环境保护法将会受到法律的制裁。此外，中央将地方官员治霾绩效与对地方官员的考核结合起来。这些措施让我国的生态环境保护“有法可依”，并改变了过去考核地方官员的唯GDP倾向。还有，要求各部门各地方，利用一些传媒信息渠道，及时向公众公布各地PM2.5的实际数值。我觉得以上措施是有一定成效的，我对治霾效果比较满意。前些年，我在成都是很难见到蓝天的，但是，现在见到蓝天的天数越来越多了。（记录2019041229）

第五节　对空气、环境和生活质量的总体认知

生活质量是包括经济生活、政治生活、文化生活、社会生活、环境生活等在内的日常生活的品位和质量。空气质量及其主观感知与城市居民生活质量之间存在显著的正相关关系。统计结果显示，对自身生活质量的满意度（51.3%）高于对本市生态环境的满意度（47.3%），而对本市生态环境的满意度（47.3%）又高于对本市空气质量的满意度（36.6%）；三者均值分别为3.25、3.11、2.85分，见表4－12。

表 4－12　　城市居民对空气质量、生态环境和生活质量的认知

居民认知	很不满意（%）	不太满意（%）	不好说（%）	比较满意（%）	非常满意（%）	两项合计（%）	均值	标准差
自身生活质量	2.5	24.5	21.7	47.8	3.5	51.3	3.25	0.95
本市生态环境	5.3	28.5	18.9	44.8	2.5	47.3	3.11	1.018
本市空气质量	8.1	38.3	17.1	33.9	2.7	36.6	2.85	1.063

进一步将所属城市、文化程度、职业背景、自陈健康状况作为自变量，居民对空气、环境和生活质量认知作为因变量进行均值比较（方差分析）。统计结果见表 4－13。

第一，在对本市空气质量认知上，北京市居民的均值略高于成都市居民；在对本市生态环境以及自身生活质量的认知上，成都市居民的均值高于北京市居民；两市居民在自身生活质量这一认知上具有城市之间的显著性差异。第二，在自身生活质量、本市生态环境、本市空气质量等 3 项认知中，初中及以下文化程度的城市居民在所有文化程度的居民中均值最高，且在本市空气质量和本市生态环境认知上通过显著性差异检验。第三，职业背景为农业劳动者的居民在本市空气质量、本市生态环境认知上均值最高，学生对于自身生活质量的评价高于其他职业背景的居民；在本市生态环境以及自身生活质量认知上通过职业背景的显著性差异检验。第四，在自身生活质量、本市生态环境、本市空气质量等 3 项认知中，家庭年收入在 5 万元及以下的城市居民均值最高，甚至高于家庭年收入在 50 万元及以上的城市居民；在本市空气质量认知上通过家庭年收入的显著性差异检验。[1] 第五，自陈健康状况很好的居民在 3 项

---

① 经济社会发展水平较低的地区和家庭收入比较低的群体更关注诸如食品、住房等生存型基本生活需求；而经济社会发展水平较高的地区和家庭收入比较高的群体更关注诸如环境保护等发展型议题。同时，前者相比后者也有意无意降低对空气质量的期望，并对较低的空气质量有着较高的耐受水平和较低的敏感度。这一实证调查结果与罗纳德·英格尔哈特有关后物质主义价值观以及环境库兹涅茨曲线假说是一致的。

认知上的均值相对较高，且通过显著性差异检验。

表 4 – 13　城市、文化程度、职业背景、家庭年收入和自陈健康状况与居民对空气、环境和生活质量认知

变量		本市空气质量	本市生态环境	自身生活质量
城市	北京	2. 87	3. 08	3. 18
	成都	2. 82	3. 14	3. 33
	F	0. 402	0. 824	4. 853
	显著性	0. 526	0. 364	0. 028 **
文化程度	初中及以下	3. 33	3. 71	3. 38
	高中	3. 23	3. 48	3. 34
	大专	2. 81	2. 99	3. 20
	本科	2. 75	3. 06	3. 21
	硕士及以上	2. 85	3. 08	3. 28
	F	3. 633	4. 335	0. 500
	显著性	0. 006 **	0. 002 **	0. 736
职业背景	国家机关干部	2. 97	3. 16	3. 34
	企业单位人员	2. 71	2. 98	3. 08
	事业单位人员	2. 83	3. 08	3. 27
	进城务工者	2. 96	3. 26	3. 09
	个体经营者	3. 03	3. 16	3. 08
	离退休人员	3. 00	3. 46	3. 46
	农业劳动者	3. 46	3. 46	3. 23
	学生	2. 97	3. 28	3. 55
	F	1. 937	2. 034	3. 525
	显著性	0. 052	0. 040 **	0. 001 **

续表

变量		本市空气质量	本市生态环境	自身生活质量
家庭年收入	5 万元及以下	3. 18	3. 36	3. 40
	5 万—10 万元	2. 87	3. 03	3. 15
	10 万—20 万元	2. 86	3. 15	3. 31
	20 万—50 万元	2. 70	3. 04	3. 18
	50 万元及以上	2. 73	3. 00	3. 35
	F	3. 420	2. 157	1. 700
	显著性	0. 009 **	0. 072	0. 148
自陈健康状况	较差	2. 67	2. 90	2. 95
	一般	2. 76	2. 97	3. 10
	较好	2. 86	3. 13	3. 30
	很好	3. 06	3. 40	3. 52
	F	2. 679	5. 532	6. 744
	显著性	0. 046 **	0. 001 **	0. 000 **

第五章　雾霾天气下城市居民的社会情绪表现

社会心理学一般认为，社会情绪一般是指伴随个体整个社会心理过程产生的主观心理体验和心理感受，是个体在长期社会交往中所体验到和表达着的情绪。主观体验、外部表现、生理唤醒是社会情绪的基本构成。正向、积极、乐观的社会情绪与负向、消极、悲观的社会情绪是社会情绪的两个维度；而个体所在的社会环境、文化规范和道德信念等，均成为理解社会情绪不可忽视的影响因素。

本书将公众在雾霾这一不利外部刺激下的主观心理体验和心理感受主要概括为焦虑情绪、压抑情绪、恐惧情绪、愤怒情绪、无助情绪、怀疑情绪 6 个方面。焦虑情绪是指个体对现实或未来事物（雾霾天气）的价值特性出现严重恶化趋势所产生的情感反应，其客观目的在于引导个体迅速地采取各种措施，紧急调动各种资源，以有效地阻止现实或未来事物的价值特性出现严重恶化，使之朝着利好的方向发展。压抑情绪是指个体在面临挫折时（雾霾天气）为减轻不愉快体验，推迟愿望和欲求满足的时间，将意识不能接受的冲动、矛盾、情感等排斥到潜意识之中的心理过程。恐惧情绪是指个体面临某种危险情境（严重雾霾天气），企图摆脱而又无能为力时所产生的担惊受怕的一种强烈情绪体验。愤怒情绪是指个体愿望不能实现或为达到目的的行动受到挫折时（因为雾霾天气）产生的一种紧张而不愉快的体验。无助情绪是指个体经过重复的失败或惩罚并无法控制行为结果后（因为雾霾天气）产生的认知方面损伤和行为层面放弃的心理及行为状态。怀疑情绪是指个体认为自己所获取的信息并不足以得出可靠结论或无法确认信息是否准确时的一种心理状态，特指雾霾天气下公众对作为治理雾霾第一责任人——政府工作不信任的一种心理状态。

第一节　问卷调查中社会情绪的量化分析

问卷对雾霾严重天气下持续的焦虑情绪、压抑情绪、恐惧情绪、愤怒情绪、无助情绪、怀疑情绪进行了时间频率的调查。设置的选项分别为“没有或很少时间”“小部分时间”“多数时间”“绝大部分或全部时间”，4 个选项被分别赋值为 1、2、3、4 分，得分越高，说明雾霾严重天气下的情绪反应越明显。

统计结果显示：6 类情绪的均值分别为 2.07、2.06、1.62、1.65、1.94、1.93 分，见表 5－1；其中，焦虑情绪和压抑情绪均值都在 2 分以上，即表明调查对象在雾霾严重天气下小部分时间保留有这两种情绪。将后两个选项相加会发现，雾霾严重天气下怀有焦虑情绪、压抑情绪、无助情绪、怀疑情绪的城市居民大约占 1/4，分别为 25.1%、26.4%、25.2%、24.6%。

表 5－1　　城市居民在雾霾严重天气下的情绪反应（%）

情绪类型	没有或很少时间	小部分时间	多数时间	绝大部分或全部时间	均值	标准差
焦虑情绪	22.9	52.1	20.5	4.6	2.07	0.783
压抑情绪	25.7	47.9	21.1	5.3	2.06	0.823

续表

情绪类型	没有或很少时间	小部分时间	多数时间	绝大部分或全部时间	均值	标准差
恐惧情绪	54. 2	32. 3	10. 7	2. 8	1. 62	0. 785
愤怒情绪	51. 6	34. 9	10. 3	3. 3	1. 65	0. 793
无助情绪	37. 2	37. 7	19. 6	5. 6	1. 94	0. 887
怀疑情绪	37. 7	37. 8	18. 5	6. 1	1. 93	0. 894

进一步将所属城市、年龄、职业背景、家庭年收入作为自变量，雾霾严重天气下居民情绪反应作为因变量进行均值比较（方差分析）。统计结果见表 5 – 2。

表 5 – 2　城市、年龄、职业背景、家庭年收入与雾霾严重天气下居民情绪反应

变量		焦虑情绪	压抑情绪	恐惧情绪	愤怒情绪	无助情绪	怀疑情绪
城市	合计	2. 07	2. 06	1. 62	1. 65	1. 94	1. 93
	北京	2. 26	2. 27	1. 74	1. 79	2. 17	2. 10
	成都	1. 88	1. 86	1. 50	1. 52	1. 70	1. 76
	F	49. 734	55. 189	20. 289	23. 746	62. 672	29. 705
	显著性	0. 000**	0. 000**	0. 000**	0. 000**	0. 000**	0. 000**
年龄	29 岁及以下	1. 96	1. 94	1. 49	1. 52	1. 76	1. 73
	30—39 岁	2. 18	2. 17	1. 74	1. 79	2. 10	2. 10
	40—49 岁	2. 14	2. 17	1. 62	1. 63	2. 06	2. 08
	50 岁及以上	2. 00	2. 03	1. 74	1. 77	1. 93	1. 96
	F	4. 636	4. 961	6. 138	7. 112	9. 237	10. 548
	显著性	0. 003**	0. 002**	0. 000**	0. 000**	0. 000**	0. 000**

续表

变量		焦虑情绪	压抑情绪	恐惧情绪	愤怒情绪	无助情绪	怀疑情绪
职业背景	国家机关干部	1.84	1.89	1.56	1.66	1.81	1.77
	企业单位人员	2.20	2.19	1.77	1.76	2.08	2.17
	事业单位人员	2.09	2.07	1.58	1.58	1.91	1.92
	进城务工者	2.17	2.00	1.96	1.96	2.09	1.96
	个体经营业者	2.05	1.97	1.63	1.74	1.82	1.89
	离退休人员	1.75	1.71	1.46	1.50	1.71	1.58
	农业劳动者	1.85	1.85	1.46	1.38	1.85	1.69
	学生	1.97	2.00	1.43	1.56	1.82	1.65
	F	2.722	1.956	3.084	1.929	1.738	5.374
	显著性	0.006 **	0.049 **	0.002 **	0.053	0.086	0.000 **
家庭年收入	5 万元及以下	1.84	1.90	1.51	1.51	1.80	1.76
	5 万—10 万元	1.95	1.96	1.56	1.62	1.82	1.84
	10 万—20 万元	2.09	2.06	1.59	1.62	1.91	1.85
	20 万—50 万元	2.17	2.18	1.66	1.71	2.06	2.11
	50 万元及以上	2.35	2.20	1.98	1.96	2.22	2.27
	F	5.441	3.136	3.511	3.102	3.762	5.796
	显著性	0.000 **	0.014 **	0.007 **	0.015 **	0.005 **	0.000 **

第一，在焦虑情绪、压抑情绪、恐惧情绪、愤怒情绪、无助情绪、怀疑情绪 6 类情绪反应中，北京市居民的均值均高于成都市居民，且两市居民在 6 类情绪反应上都具有显著性差异。第二，在 6 类情绪反应中，30—39 岁人群情绪反应均值最高，且不同年龄群在 6

类情绪反应上均通过显著性差异检验。第三，职业背景为企业单位人员的调查对象表现出更多的焦虑、压抑和怀疑情绪，而进城务工者则表现出更多的恐惧、愤怒和无助情绪；不同职业背景在焦虑、压抑、恐惧、怀疑 4 项情绪反应上均通过显著性差异检验。第四，家庭年收入与情绪反应正相关，即家庭年收入越高，6 种情绪反应越强烈（均值越高），且不同家庭年收入在 6 类情绪反应上均通过显著性差异检验。①

深度访谈中，几乎所有访问对象都认为雾霾天气严重影响了自己的情绪。

> 我的办公室在五楼，每次遇到雾霾天气，窗外都有一种世界末日的既视感，心情也是灰蒙蒙、雾蒙蒙的，无法开朗起来，工作效率也会低下。（记录 2019041632）
>
> 相比于身体健康，我想我更多受到了雾霾的心理影响。成都冬日本来阳光就很稀奇珍贵，所谓“蜀犬吠日”，如果再加上雾霾遮天蔽日，就更是心情郁闷、压抑，仿佛透不过气来。特别明显的是 2013 年我从澳大利亚做访问学者归来，正好赶上近一个月的雾霾天，从澳洲蓝天白云的环境一下到了昏天黑地的成都，感觉整个眼界都换了背景色，强烈的反差让我更加压抑和难受。记得 2017 年的最后一天，整个世界都被雾霾笼罩，有种世界末日的感觉。（记录 2019041531）
>
> 据说鼻炎就是空气恶化导致人体易患的一种疾病，我和孩子不幸都中招了，很难受，继而产生难以控制的烦躁心情，以至于我们经常萌生出逃离成都的念头。（记录 2019041229）

---

① 家庭年收入与雾霾天气下的情绪反应之间的正相关关系进一步验证了后物质主义价值观或环境库兹列茨曲线假说。

刚来成都的时候，经常性的阴天，看不到太阳，和北方的蓝天白云对比起来，真的觉得很压抑。但是，和雾霾天气比起来，现在觉得阴天都是无比幸福的。雾霾来临的时候，心情是无比的糟糕。当一个人无法正常呼吸的时候，那种感觉就好像自己病入膏肓。(记录2019041128)

雾霾对情绪的影响，我感触最多的，是心理上所产生的压抑。这种压抑感在室内向外眺望的时候最明显，仿佛大祸要降临一般，让人感到窒息。(记录2019080908)

当雾霾天走在大街上时，我会明显出现焦虑症状，有时候像无头苍蝇一样没有方向感，到处乱转。这种焦虑在有阳光出现的时候或者在雾霾不严重的环境下会自动减轻甚至消失。(记录2019080807)

有时还容易使人际关系受影响，雾霾天气给人带来的焦虑会在无形中影响人们的语言和行为，使人容易缺乏耐心。而这些负面情绪随后会加重损害人的身体健康，造成身体不适—心理不适—身体更加不适的恶性循环，严重影响我们的生活。(记录2019080706)

第二节　网络论坛中有关雾霾社会情绪的参与观察

自媒体环境下，受到“把关人”角色弱化、把关可行性降低、把关权分化等挑战，网民热衷于排斥并远离宏大叙事中的英雄人物，颠覆并消解正统话语的霸权，通过PC端的论坛、贴吧以及移动互联网的微博、微信等渠道，就热点议题所发表的内容不再经过严格的筛选和过滤，一定程度上实现了公共事务的自由讨论。衍生于热点议题的

“网络段子”在内容上反映了底层民众的生活现状，表达了大众对某些政府部门工作效率和工作作风的质疑，以及对某些社会丑恶现象的抨击，形式短小精悍，语言风格诙谐幽默荒诞反讽，受到大量网民的追捧和参与。因为言论表达偏激、情绪化甚至戾气很重而缺乏对社会问题深入冷静的理性思考，在讨论公共议题时过度娱乐化而挤占了严肃声音的生存空间，等等，一些“网络段子”受到严肃媒体的批评。但不容否认的是，“网络段子”通过反讽和隐喻的语言魅力反映了公众对社会热点和焦点问题的意愿和诉求，从而具备了社情民意的传递功能，有助于政府监控网络舆情和了解社情民意；使网民通过诙谐幽默的娱乐化手段宣泄释放出不满乃至仇恨、愤怒的情绪，从而具备了社会情绪的减压阀①功能，有助于减少群体性事件的发生和社会稳定局面的实现。

与公众切身利益紧密相关的外部事件发生为网友提供了丰富鲜活的段子创作素材。经验表明，严重不利的外部环境和灾难性事件发生期间，也是网络段子活跃的所谓“众神狂欢”时期。这在汶川特大地震后的抗震救灾、雾霾严重天气出现、新冠疫情蔓延期间都实实在在地表现出来。本书调查研究期间，特别是成都和北京两市雾霾天气比较严重期间，研究团队成员们以普通网民的身份参与公众对于雾霾污染问题的讨论，去了解公众有关雾霾认知、情绪和价值观情况，并通过新浪微博、百度贴吧、天涯论坛以及其他各大新闻网站等网络平台搜集并筛选了相关言论，截取了时间跨度为2013—2019年度共计649条有效言论。这些有关雾霾和空气质量的言论，折射和再现了不特定

---

① 文化在各民族之间差异性很大，美国社会学家乔治·默多克（George Murdock）在1945年总结了存在于地球上每种人类文化中但因不同文化而异的一切共同点，把它称为“文化普遍性”（Cultural Universal）。幽默或开玩笑即是文化普遍性的一种，在灾难时期，尤其具有释放社会压力的功能。不利的外部环境、灾难性突发事件下，网络段子诙谐幽默的风格（笑点与包袱）使得其安抚人心的功能有时甚至超过一些一本正经的官话套话。

网民乃至广大公众在雾霾期间的社会情绪，反映了他们对政府工作的诉求和期待。特别是有关雾霾的“网络文学”，一经发布便导致广大网友跟帖、转发、评论，反映了这些段子引发了广大身处雾霾天气中网友的情绪共鸣。

模仿郁达夫《故都的秋》之《故都的霾》：

雾霾，无论在什么地方的雾霾，总是好的；可是啊，北国的霾，却特别地来得浓，来得静，来得阴冷。我的不远千里，要从杭州赶上青岛，要从青岛赶上北平来的理由，也不过想饱尝一尝这“霾”，这故都的霾味。

江南，霾当然也是有的，但雾霾散得慢，空气来得润，天的颜色显得淡，并且又时常多雨而少风；一个人夹在苏州上海杭州，或南京武汉广州的市民中间，混混沌沌地过去，只能感到一点点呛鼻，霾的味，雾的色，雾霾的意境与姿态，总看不饱，尝不透，赏玩不到十足。霾并不是浓雾，也并不是灰尘，那一种戴着口罩、扭扭捏捏的状态，在领略霾的过程上，是不合适的。

不逢北国之霾，已将近十余年了。在南方每年到了霾天，总要想起冀霾的烟味，鲁霾的灰气，陕霾的尘香，苏北焚烧秸秆的碳香，河南的工业排放气息。在北平即使不出门去吧，就是在皇城人海之中，租人家一间公寓来住着，早晨起来，泡一碗浓茶，向阳台一坐，你也能闻得到很浓很刺鼻的汽车尾气，听得到各种代表城市繁华的噪声。从槐树叶底，细细品味着一丝一丝飘进来的工业废气，或在破壁腰中，静吸着像煤烟似的烟霾，自然而然地也能够感觉到十分的霾意。说到了烟霾，我以为以蓝色或白色者为佳，紫黑色次之，淡红色最下。最好，还要在浓浓的烟霾里，深深地吸上几口浓烈刺鼻的秋雾，使作陪衬。

北国的沙尘，也是一种能使人联想起霾来的点缀。像霾而又不是霾的那一种黄白色，早晨起来，会铺得满地。脚踏上去，声音也没有，淡淡的烟土气，能感出一点点极微细极柔软的触觉。扫街的在树影下一阵扫后，灰土上留下来的一条条扫帚的丝纹，看起来既觉得细腻，又觉得清闲，潜意识下并且还觉得有点儿落寞，古人所说的沙尘一起而天下知霾的遥想，大约也就在这些深沉的地方……

模仿郁达夫《故都的秋》之《帝都的雾霾》：

上海的雾霾终究跟北京有些区别，上海的口感虽然层次感强，但缺少北京那种扑面而来的气势，而且少了那么点老灰的醇厚。上海的PM2.5虽然在气场上小了一圈，却多了些小资的味道。同样是PM2.5，北京的更接近PM3，上海的更接近PM2。硬要说的话，一个带有铜锅涮肉的酣畅感，一个带有猫屎咖啡的细腻和情趣。广州的霾湿润灵秀，但要说量足味儿正，大抵是不如北京的。也听说过河北的霾粗犷豪放，可惜又少了一点底蕴罢。我个人觉得霾还是讲究个积淀，北京的相比别处的霾，我更喜欢北京霾的醇厚。它是如此真实如此具体，泥土的甜腥与采暖排放的烈辣充分混合，再加上尾气的催化和低气压的衬托，使霾口感适中，吸入后挂肺持久绵长，让品味者肺腑欲焚，欲罢不能。这是人类的辛劳与自然馈赠共同的结晶……雾是别处厚，霾是北京醇！

模仿郁达夫《故都的秋》之《霾是故乡浓》：

深冬季节，我在海南耽搁了几日，总有些若有所失的惆怅。今夜山雨初歇，月华如昼，我忽然怀念起故乡的霾了。

故乡邯郸的此时，正是品霾的好季节。约三五好友于高楼平台，一壶老酒，半根驴肠，远眺古城奇霾。放眼处莽莽苍苍，天地一色，偶尔露出远处高楼塔尖，依稀海市蜃楼。扑面不湿，入鼻欲塞。大街上但闻车马喧，不见行人面，如借时空隧道进入科幻世界。

霾，是邯郸名片，是一道让人刻骨铭心的风景。

北京的霾我是领略过的，架势很大但温温吞吞，来势凶猛却回味不永，少了邯郸老霾的回肠荡气和沉稳老辣。到底建都历史太短，行家一眼就知底蕴尚薄。就像刚出徒的裘派花脸上台吼几声，虽底气十足，然少了裘盛戎的厚重韵味。上海也是有霾的，太淡，太拘谨，太细腻，正如他们的小资情调，远不如邯郸的霾更醇厚，更上鼻，吸一口是一口，痛快酣畅，大有慷慨悲歌的豪气。至于石家庄就更不入流。其霾貌似浓厚，略一过鼻，掩不住的泥土气息，且不具层次。邯郸毕竟是钢都，霾里都满是金属含量带给人的现代感，吸着充实，踏实。更讲究的是吸后悠长的回味，咀嚼不尽。据说老吸家可以辨别出霾的出处：邯钢来的属于国有霾，比较醇，清一色金属味。武安霾味较杂，属混合型。若回味有蒜香，那绝对是永年小冶炼炉的产品。一年四季，风向不同，霾味各异，让人鼻不暇接。外地人每每感慨古城之文脉久远，江山有代。古时邯郸学步，今日要邯郸学霾了。传言石家庄仗着省会的势，也想以霾传名，愈发显得小气。“唯其不争，莫能与之争。”邯郸是深谙古训的。

邯郸霾还有他人不及处：四季如一，绝不因时序而懈怠。这是只有千年古都才有的定力。也从不让慕名而来赏霾的客人失望。霾，已经成为本地人日常生活不可或缺的一部分，就像水中微生物之于鱼虾，暴风之于海燕。夏季里偶尔大雨初霁，霾气稍减，倒让人觉得突然。此时邻居好不容易能清晰相见，常常拉几句闲话：“张姐，两年没见，你可瘦多了。”“俺去年就这样了呀！噢，对了，去年没怎么下雨，你看不着。”

爱赏月的人是不能错过邯郸的。赏月，若只喜欢分明的远山近水，月明星稀，便显得浅薄，被雅客们耻笑。既然是赏，必要有些遮掩才够含蓄、婉约的味道。“雾失楼台，月迷津渡，桃源望断无寻处。”中国艺术的美妙常在于不能写尽，给人留下想象的余地。如国画中大写意的笔法，妙在似与不似之间，“太似为媚俗，不似为欺世”。但古人是错过了邯郸赏月的妙处的。这里的雾霾将天地全然隔绝，不留一丝罅隙。赏月一变而为猜月，顿生妙趣，而这对平庸的诗人简直是噩耗。邯郸本地的孩子要想以星空入诗，则需到网上看图片，或者听老人们讲“很久很久以前”。我以为这是对培养想象力很有补益的。

霾的功效绝不仅限于艺术，就是日常生活也因而变得有趣。沉沉雾霾里，对面楼房如隔重幕。这时窗帘便显得多余。家中无论做什么，既开放又安全，这是无霾的城市体会不到的。这霾若是再厚重些，怕是连窃贼也不敢入室行窃了。撬门窃物，出门迷路，这足以让贼胆怯。据民间人士云，近两年治安案件显著下降，足以证明霾对和谐社会的贡献。

一方水土养一方人，这话是对的。对于霾的态度，北京的百姓就露了怯，谈“霾”色变，惶惶不可终日，一副没见过世面的样子。邯郸人自有燕赵遗风，“泰山崩于前而心不惊，麋鹿兴于左而目不瞬”。广场舞依然火爆，公园、河边，成群结队的民间合唱依旧嘹亮。更见精神的是他们绝不屑于戴口罩，蔑视任何借助外物的懦弱行为，坚信生命的伟大力量。如没有上千年的沉淀，断无这等沉稳坚定的民风。如能假以时日，也许能产生一个新的人类物种，叫邯郸人种。吸雾霾吐铁钉，吃农药拉蚊香。这必是古赵都以来邯郸人又一傲视群伦的荣光。

海南也有迷迷茫茫的日子，那只是雾。如纱之轻，如烟之淡，像江南人的软语，好听但失之于腻而轻薄。尤其秋冬季节，在海南住久了便有诸多不适，总觉得自己与青山绿水的疏离。偶尔站在马路中间汽车最密集处，深深吸几口，心里顿时泛起淡淡的乡愁。

露从今夜白，霾是故乡浓。我这就收拾行李回故乡去，趁着这最好的季节，一解霾愁。

模仿《舌尖上的中国》中的旁白之《霾·我只吸成都的》①：

相比于京霾的厚重、冀霾的激烈、沪霾的湿热、粤霾的阴冷，我更喜欢蓉霾的香醇和独一无二的麻辣气息。火锅店的牛油汤底，翻滚后的香浓与烧烤摊烤鱼、烤脑花儿的孜然味儿充分混合，加上成都人民秋香肠腊肉猪脸的腊味，最后再经串串冒菜砂锅羊肉串芋儿鸡兔脑壳……各种美味的勾兑，使得它经久而刺激，香浓且绵长，吸入后就饿了……就想吃就想吃就想吃！雾为帝都厚，霾，还是蓉城香啊!。

模仿余光中《乡愁》之《霾愁》：

古时候，口罩是一种小小道具，我在这头，强盗在那头。小时候，口罩是我的小小恐惧，我在这头，护士的针在那头。后来

① 各地网友结合自身所在城市的特色，以此为模板，创作出大同小异的各地方版本的段子，比如《霾·我只吸北京的》《霾·我只吸天津的》《霾·我只吸武汉的》。无从考证段子的首创者。

呢，口罩是2003年的集体记忆，我在这头，SARS在那头。而现在，口罩是路人的防霾武器，我在这头，却看不清，谁在那头。

模仿泰戈尔散文诗《世界上最远的距离》：

世界上最遥远的距离，不是生与死，而是我就站在你面前，你却看不见我。

模仿《沁园春》词牌格律之《沁园春·霾》①：

北京风光，千里朦胧，万里尘飘，望三环内外，浓雾莽莽，鸟巢上下，阴霾滔滔！车舞长蛇，烟锁跑道，欲上六环把车飙，须晴日，将车身内外，尽心洗扫。空气如此糟糕，引无数美女戴口罩，惜一罩掩面，白化妆了！唯露双眼，难判风骚。一代天骄，央视“裤衩”，只见后座不见腰。尘入肺，有不要命者，还做早操。

模仿《江城子》词牌格律之《江城子·十面霾伏》：

十里雾霾两茫茫，大雾天，人抓狂，千里雾都，无处话凄凉。纵使相逢应不识，尘满面，如糟糠。下班驱车返回家，看车窗，已成脏。相顾无言，惟有泪千行。料得基友见面时，无话说，眼凄凉。

绵延百里蔽浮光，日严霜，夜寒凉，雾锁衡门，蹊径辨萧郎。酒肆商亭千万户，皆掩面，闭门窗。满城尽是烟熏妆，漫长街，臭成翔。瘴雨霾云，风起散八方。肆虐九州何所欲？侵肺腑，断人肠。

---

① 这一诗句也有各地网友根据所在城市特色而创作的各地方版本。无从考证诗句的首创者。

渭水生死两茫茫，雾霾傍，尘土扬。西安城北，定位汉城乡。纵使重逢应不识，尘满面，白衫黄。曾记疫情传播广，出血热，引人慌。隔离观察，长安医院忙。料得今年肠断处，肺结核，上中央。

模仿《卜算子》词牌格律《卜算子·雾霾》：

雾霾横古城，朦胧星光灯。业火无音催人泪，秋花何日醒？寒桥不见月，叶落鱼不惊。眉梢始觉细雨绵，残柳消孤影。

模仿《相见欢》词牌格律之《相见欢·雾霾》：

多城一片雾霾，昼如夜，只见天地灰蒙不见街！行路难，人心烦，健康碍，万千百姓祈盼蓝天再！

模仿《望江南》词牌格律之《望江南·雾霾》：

秋人倦，晨起雾霾浓。小镇楼影何处觅，只觉烟云锁霓虹。身在九霄中。

模仿七言绝句格律：

京都一夜起尘霾，疑是妖魔逐雾来。毒雳呼嘘人噎气，满城百姓尽愁怀。

锦里芙蓉日渐衰，江楼隐隐客难来。曾经蜀都鲜妍色，竟与京华斗雾霾！

低碳山歌唱起来，高排路虎啸长街。连天宝马同喷气，蔽日愁云是雾霾。

黑地昏天倍可哀，阴霾毒雾屡徘徊。秋高气爽何时见，还我晴空丽日来。茫茫烟雨似仙境，海市蜃楼雾霾中。模模糊糊看不见，只闻阵阵咳嗽声。一夜霜临寒绪浓，别君无语各西东。天将雾笼情无尽，心盼何时再起风。

模仿七言律诗格律：

华夏尘霾迷眼瞳，寒流淫雨落花红。浮烟客道行程阻，掩面人潮避雾凶。雪月愁眉藏碧色，霜花暗泪展哀容。孩提未日来临否？无忌童言烦苦中。

此外，也有一些网友运用谐音的手段仿造出有关雾霾的一些新词语，比如："自强不吸，厚德载雾，霾头苦干，再创灰黄""喂人民服雾""雾以吸为贵""十面霾伏"，兼具诙谐和讽刺的新构词增添了语言表达的张力和感染力。

以上来自网络空间以雾霾为主题的"段子"形式上既有古体诗词，也有现代散文。古体诗词部分不一定能够对仗工整、平仄押韵，但与现代散文一样具备了一定的文学价值，并被戏谑为"雾霾文学"。网络上"吐槽"出来的雾霾文学，其共同的特征在于通过反讽、隐喻、夸张、谐音等修辞手段，表达出作者和公众在雾霾严重天气下焦虑、压抑、无助、怀疑、恐惧、愤怒等情绪，折射出广大网民希望各级政府重拳治霾的诉求和期待。

第六章　雾霾天气下城市居民的社会行为倾向

行为倾向即行动者以既定方式对一定刺激模式发生反应的倾向，是行动者采取行动前的一种准备状态。行为倾向会影响到人们将来对态度对象的反应，但受情境制约，行为倾向往往不是现实的外显行动，而是作为态度对象内在心理结构的外在客观表现。

第一节　雾霾严重天气下居民防护措施

在发放的调查问卷中，雾霾严重天气下城市居民的行动倾向包括以下几种：关注空气质量数据的更新与发布、外出时带防护物品（如口罩、防霾鼻罩、护目镜、帽子、纱巾等）、在室内开空气净化器、在室内开新风系统、强化个人卫生（勤洗手、洗脸、洗鼻、换衣等）、减少晨练或其他户外活动、调整饮食结构（如多吃排毒清肺食物）、服用与防雾霾相关的各种药品或保健品、更多选择封闭式代步工具（如公交车、私家车、地铁等）、计划离开本市（如外出旅游或居住等）、劝说家人和朋友采取防护措施等 11 项。选项有表示行动频率的“从不”“偶尔”“经常”“总是”。将选项中“从不”“偶尔”“经常”“总是”

分别赋值为1、2、3、4分，如此构成区间为11—44分的总加防护措施得分，低值体现为消极被动型应对行为倾向，高值体现为积极主动型应对行为倾向。

统计结果显示：第一，城市居民在雾霾严重天气下的11种行为倾向发生的频率（“经常”与“总是”的合计）从高到低依次为强化个人卫生（78.3%），减少晨练或其他户外活动（72.4%），更多选择封闭式代步工具（67.6%），关注空气质量数据的更新与发布（61.1%），劝说家人和朋友采取防护措施（59.5%），外出时带防护物品（47.4%），在室内开空气净化器（43.6%），调整饮食结构（33.1%），在室内开新风系统（32.8%），计划离开本市（14.0%），服用与防雾霾相关的各种药品或保健品（11.8%）。第二，各项防护措施均值从2.99分（即表示接近“经常”行为倾向）到1.52分（介于“从不”与“偶尔”之间）不等，见表6－1。第三，调查对象在雾霾天气严重条件下采取的防护措施总加得分近似服从正态分布曲线，极小值为11，极大值为44，众数为22，均值为26.57，标准差为5.385，如图6－1所示。

表6－1　城市居民在雾霾严重天气下采取的防护措施（%）

序号	行动倾向	从不	偶尔	经常	总是	小计	均值	标准差
1	强化个人卫生	3.0	18.7	54.7	23.6	78.3	2.99	0.738
2	减少晨练或其他户外活动	4.7	22.9	41.0	31.4	72.4	2.99	0.856
3	更多选择封闭式代步工具	6.5	25.8	45.0	22.6	67.6	2.84	0.849
4	关注空气质量数据的更新与发布	4.2	34.6	44.9	16.2	61.1	2.73	0.779
5	劝说家人和朋友采取防护措施	9.3	31.1	41.0	18.5	59.5	2.69	0.879
6	外出时带防护物品	8.5	44.1	33.4	14.0	47.4	2.53	0.837
7	在室内开空气净化器	25.8	30.6	29.4	14.2	43.6	2.32	1.009

续表

序号	行动倾向	从不	偶尔	经常	总是	小计	均值	标准差
8	调整饮食结构	17.2	49.8	26.8	6.3	33.1	2.22	0.802
9	在室内开新风系统	38.0	29.2	22.0	10.8	32.8	2.06	1.015
10	计划离开本市	47.8	38.1	10.9	3.1	14.0	1.69	0.787
11	服用与防雾霾相关的各种药品或保健品	62.6	25.7	9.1	2.7	11.8	1.52	0.769

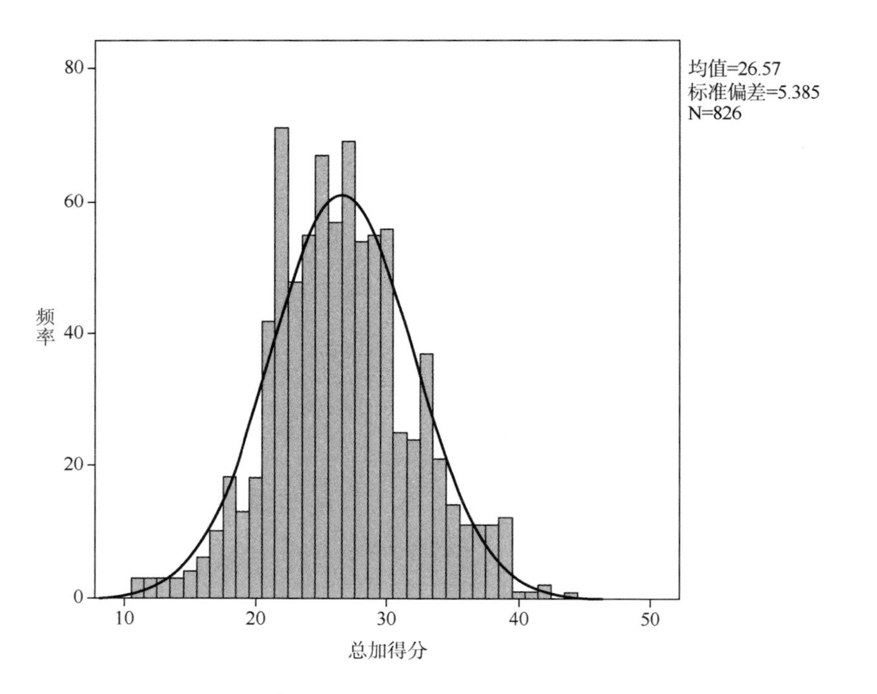

图6－1　雾霾严重天气下防护措施总加得分直方图

进一步将城市、性别、年龄、文化程度、职业背景、居住地、家庭年收入作为自变量，雾霾严重天气下的防护措施作为因变量，进行均值比较（方差分析），统计结果见表6－2。

第一，不同城市、性别、年龄、文化程度、职业背景、居住地、家庭年收入的居民在雾霾严重天气下采取的防护措施都具有显著性差异。第二，北京市居民均值高于成都市居民均值，女性居民均值高于男性居民均值，30—49 岁居民均值高于其他年龄段居民均值，高学历居民均值高于低学历居民均值，职业背景为企业单位的居民均值高于其他职业背景的居民均值，居住在城区的居民均值高于居住在郊区的居民均值，家庭年收入中高居民均值高于家庭年收入低居民均值。

表 6－2　城市、性别、年龄、文化程度、职业背景、居住地、家庭年收入与雾霾严重天气下的防护措施

变量	取值	均值	标准差	F	显著性	Eta
城市	北京	27.88	5.336	50.907	0.000	0.241
	成都	25.28	5.122			
性别	男	25.87	5.329	11.597	0.001	0.118
	女	27.14	5.368			
年龄	29 岁及以下	25.77	5.515	6.950	0.000	0.157
	30—39 岁	27.39	5.042			
	40—49 岁	27.52	5.157			
	50 岁及以上	25.55	5.817			
文化程度	初中及以下	23.00	6.434	2.701	0.030	0.114
	高中	26.39	5.436			
	大专	26.19	5.518			
	本科	26.86	5.496			
	硕士及以上	26.64	5.108			

续表

变量	取值	均值	标准差	F	显著性	Eta
职业背景	国家机关干部	25. 98	5. 596	3. 196	0. 001	0. 174
	企业单位人员	27. 42	5. 433			
	事业单位人员	26. 92	4. 978			
	进城务工者	25. 61	5. 844			
	个体经营业者	26. 82	6. 151			
	离退休人员	26. 67	5. 139			
	农业劳动者	24. 85	6. 162			
	学生	24. 90	5. 152			
居住地	城区	26. 94	5. 182	7. 512	0. 006	0. 095
	郊区	25. 87	5. 693			
家庭年收入	5 万元及以下	24. 45	4. 973	12. 717	0. 000	0. 242
	5 万—10 万元	25. 36	5. 219			
	10 万—20 万元	26. 45	5. 349			
	20 万—50 万元	28. 24	4. 929			
	50 万元及以上	28. 20	6. 338			

严重雾霾天气下，大多数访问对象采取了程度不等的防护措施，比如打开净化器设备，有意识地在室内摆放绿色植物，外出戴上口罩，减少非必要户外活动和出行时间，调整饮食结构，等等。

对于严重的雾霾天气，我采取最多的防护措施就是戴口罩。只要有雾霾，只要出门，我一般都会戴上口罩，通过这样起到基本的防护作用。同时，我会尽量减少户外活动的时间，因为室外的雾霾情况要比室内的雾霾情况严重得多，待在室内往往能够给人安全感。此外，我如果在室外待的时间有点久，回到家中，我会立即洗手、洗衣服，以此减少雾霾的后期影响。最后，家里购有一台空气净化器，能够对飘入室内的雾霾起到较好的净化作用。（记录 2019073101）

在严重的雾霾天气下，我会经常戴口罩，特别是在外出的时候往往会通过戴口罩来防止雾霾进入身体。戴口罩当然不舒服，但为了保命也只好戴口罩，尽管戴口罩只能起到一定的防护作用。而且，在严重雾霾天气下，室内的空气往往也不好，我会养一些绿色的植物来起到一定的净化空气和美化室内环境之效。当然，说到净化空气，我家包括亲戚家一般会使用空气净化器来使室内的空气得以净化，使用车载净化器来净化汽车里的空气。此外，我会在严重的雾霾天气下注重选择和使用护肤品，使用粉底隔离层等，以保护皮肤，减少雾霾对身体的伤害等。（记录 2019080202）

我个人没有采取什么防护措施，总觉得身体能够抵抗，而且也总觉得其对身体的危害也没有我们想象得那么严重。客观上对身体的伤害能够在我们所能承受的范围内。我们家小孩、老人采取了一些防护措施，如尽量减少小出门，少参加户外活动，戴上口罩，周末的时候，带孩子去郊外，放长假的时候回老家农村或到空气质量好的地方去玩。家里也买了空气净化器等。（记录 2019032223）

我们在家里安装了新风系统。冬天会尽量减少外出，但出门时只偶尔戴口罩。严重污染时，我们会待在家里。（记录 2019033126）

我们家买了 2 台空气净化器。有雾霾的时候，只要在家里，

> 空气净化器就一直开着，似乎只有看着空气净化器上的读数正常了，自己的心才会安宁起来。出门一般都会戴着口罩。（记录2019041128）

但也有例外，他们认为，假定行动不够自由，对雾霾学会适应比采取规避行动更加重要，从而降低雾霾对自身情绪带来的负面影响。比如：

> 雾霾对大多数人而言无疑是有极大危害的。在严重雾霾天气下，我有意识地减少了非必要室外活动时间和出行时间，但基本不戴口罩，室内也没有什么特别的装置。总体而言，我没有刻意采取特别的防护措施，一是因为普通的口罩根本防不住，二是我们没办法生活在别的更好的环境里，我们的财务还没有自由到任意选择居住地的程度。因此得适应，这是经济发展过程中个体和家庭必须承受的代价吧！适应也许比规避更重要。（记录2019041330）

第二节　抗雾霾产品或服务的购买意愿

购买意愿是指消费者在货币收入既定的情况下，是否愿意按产品市场均衡价格购买该产品。雾霾天气下购买抗雾霾产品或服务的意愿也可以间接反映出公众在雾霾天气下的行为准备状态。

在发放的调查问卷中，抗雾霾产品或服务包括口罩等雾霾防护用品、抗雾霾的个人护理用品（面膜、隔离、喷雾等）、抗雾霾的药品和食品（维生素、钙片、雪梨等）、空气净化器（包括车载空气净化器）、室内健身器材、室内吸霾植物、罐装新鲜空气、家庭新风系统、雾霾险（空气质量指数达赔付标准，保险公司就赔付）、异地旅游服务和异地购房等11项。选项有“很不愿意”“不太愿意”“比较愿意”“非常愿意”。将这些产品或服务的购买意愿即“很不愿意”“不太愿意”“比较愿意”“非常愿意”分别赋值为1、2、3、4分，如此构成区间为11—44分的总加意愿得分，低值为低购买意愿，高值为高购买意愿。

统计结果显示：第一，城市居民在雾霾天气下购买抗雾霾产品/服务的意愿（“比较愿意”与“非常愿意”的合计）从高到低依次为室内吸霾植物（83.2%），口罩等雾霾防护用品（81.8%），空气净化器（81.3%），家庭新风系统（65.9%），异地旅游服务（58.5%），抗雾霾的个人护理用品（58.0%），室内健身器材（55.3%），抗雾霾的药品和食品（54.4%），雾霾险（42.0%），异地购房（34.5%），罐装新鲜空气（28.1%）。第二，各项防护措施均值从3.06分（即表示“比较愿意”购买倾向）到2.02分（即表示“不太愿意”购买倾向）不等，见表6－3。第三，调查对象在雾霾天气下购买抗雾霾产品或服务意愿的总加得分近似服从正态分布曲线，极小值为10，极大值为40，众数为28，均值为26.61，标准差为5.142，如图6－2所示。

表6－3　雾霾天气下城市居民购买抗雾霾产品或服务的意愿（%）

序号	购买意愿	很不愿意	不太愿意	比较愿意	非常愿意	小计	均值	标准差
1	室内吸霾植物	3.4	13.4	56.8	26.4	83.2	3.06	0.729
2	口罩等雾霾防护用品	1.5	16.8	51.5	30.3	81.8	3.11	0.720
3	空气净化器	3.2	15.4	57.7	23.6	81.3	3.02	0.722
4	家庭新风系统	8.6	25.6	50.1	15.8	65.9	2.73	0.828
5	异地旅游服务	11.4	30.1	45.5	13.0	58.5	2.60	0.853

续表

序号	购买意愿	很不愿意	不太愿意	比较愿意	非常愿意	小计	均值	标准差
6	抗雾霾的个人护理用品	7.7	34.3	44.1	13.9	58.0	2.64	0.815
7	室内健身器材	9.2	35.5	42.5	12.8	55.3	2.59	0.827
8	抗雾霾的药品和食品	10.8	34.9	44.1	10.3	54.4	2.54	0.819
9	雾霾险	21.3	36.7	31.6	10.4	42.0	2.31	0.922
10	异地购房	20.8	44.7	26.6	7.9	34.5	2.22	0.862
11	罐装新鲜空气	32.7	39.2	21.8	6.3	28.1	2.02	0.893

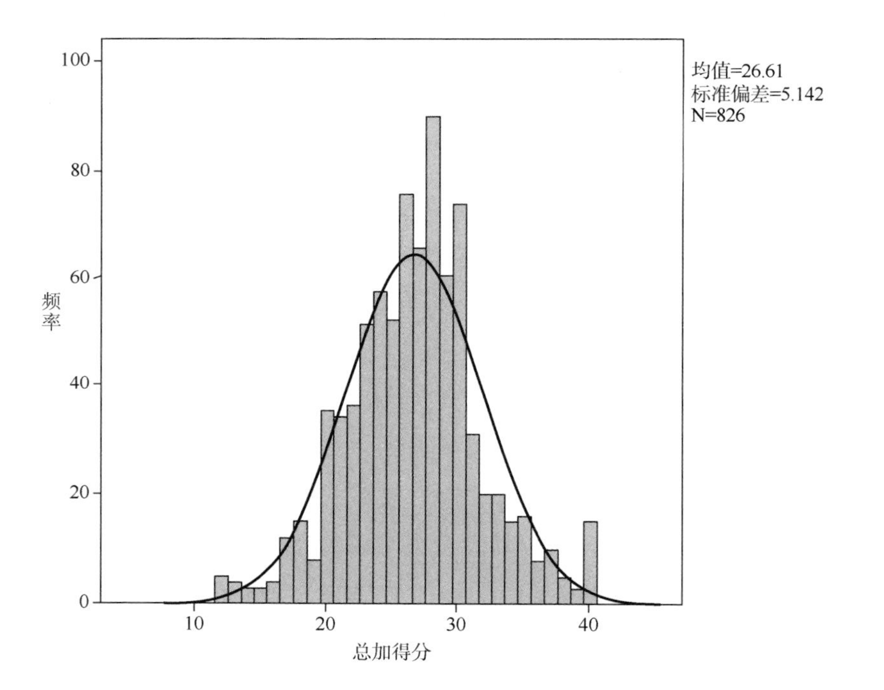

图 6－2　雾霾天气下城市居民购买抗雾霾产品或服务意愿的总加得分直方图

进一步将城市、性别作为自变量，城市居民在雾霾天气下对抗雾霾产品或服务的购买意愿作为因变量进行均值比较（方差分析）。统计结果见表6－4。

第一，不同城市、性别居民在雾霾天气下对抗雾霾产品/服务的购买意愿具有显著性差异。第二，北京市居民均值高于成都市居民均值，女性居民均值高于男性居民均值。

表6－4　城市、性别与城市居民在雾霾天气下对抗雾霾产品/服务的购买意愿

变量	取值	均值	标准差	F	显著性	Eta
城市	北京	26.97	5.305	4.094	0.043	0.070
	成都	26.25	4.955			
性别	男	25.31	5.382	45.089	0.000	0.228
	女	27.66	4.686			

第三节　雾霾天气下抗争行为参与频率

雾霾天气下城市居民为维护自身或公共利益而采取的抗争行为参与频率同样可以间接反映出居民在雾霾天气下的行为准备状态。

在发放的调查问卷中，抗争行为包括观看/收听/浏览有关雾霾的新闻报道、社交媒体上点赞/转发有关雾霾的评论、社交媒体上发表有关雾霾的意见和建议、寻求新闻媒体的帮助、参加有关雾霾或环境的志愿者组织、向政府有关部门反映/举报/投诉、参加有关雾霾或环境的维权行动等7项。前3项可以称为“关注型抗争行为”，中间2项为“关切型抗争行为”，后2项为“抗议型抗争行为”。选项有“从不”“偶尔”“经常”“总是”，并分别赋值为1、2、3、4分，如此构成区间为7—28分的总加抗争行为得分，低值为参与度较低的抗争行为，高值为参与度较高的抗争行为。

统计结果显示：第一，雾霾天气下城市居民抗争行为参与频率（“经常”与“总是”的合计）从高到低依次为观看/收听/浏览有关雾霾的新闻报道（55.5%），社交媒体上点赞/转发有关雾霾的评论（30.7%），社交媒体上发表有关雾霾的意见和建议（24.2%），寻求新闻媒体的帮助（9.1%），参加有关雾霾或环境的志愿者组织（6.2%），向政府有关部门反映/举报/投诉（5.5%），参加有关雾霾或环境的维权行动（4.7%）。第二，各项抗争行为均值从2.63分（即介于“偶尔”与“经常”之间）到1.32分（即介于“从不”与“偶尔”之间）不等，见表6－5。第三，调查对象抗争行为总加得分服从偏态分布曲线，极小值为7，极大值为28，众数为10，均值为12.25，标准差为3.403，如图6－3所示。

表6－5　雾霾天气下城市居民抗争行为参与频率（%）

行动类型	行动内容	从不	偶尔	经常	总是	小计	均值	标准差
关注型抗争	观看/收听/浏览有关雾霾的新闻报道	4.9	39.7	43.0	12.5	55.5	2.63	0.762
	社交媒体上点赞/转发有关雾霾的评论	21.0	48.3	24.6	6.1	30.7	2.16	0.822
	社交媒体上发表有关雾霾的意见和建议	33.8	42.0	19.1	5.1	24.2	1.95	0.856
关切型抗争	寻求新闻媒体的帮助	66.1	24.8	7.2	1.9	9.1	1.45	0.713
	参加有关雾霾或环境的志愿者组织	63.1	30.7	5.6	0.6	6.2	1.44	0.628
抗议型抗争	向政府有关部门反映/举报/投诉	73.1	21.5	4.4	1.1	5.5	1.33	0.613
	参加有关雾霾或环境的维权行动	73.3	22.0	4.2	0.5	4.7	1.32	0.576

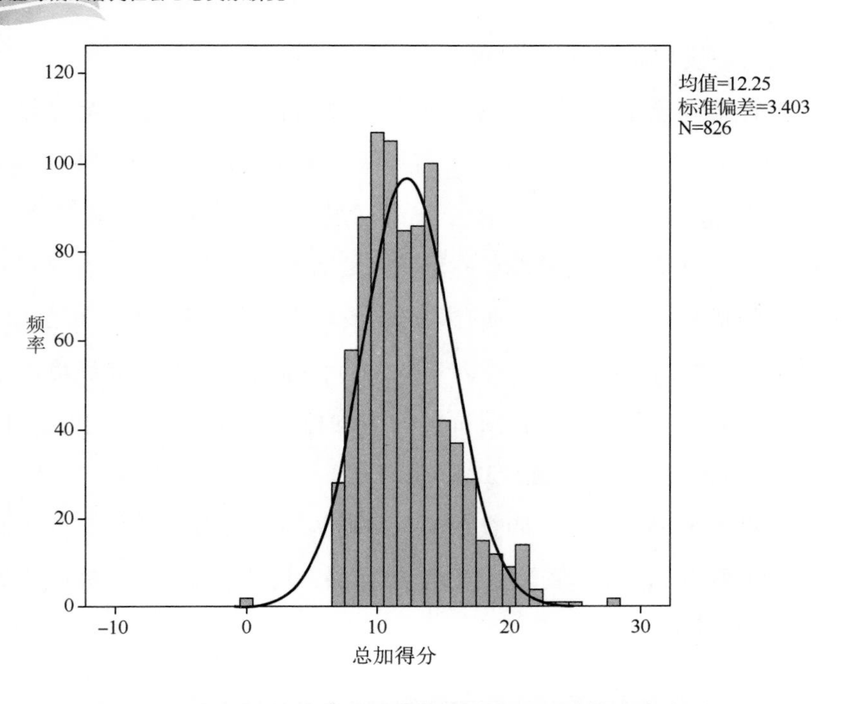

图6－3　雾霾天气下城市居民抗争行为总加得分直方图

在雾霾严重天气下采取的防护措施、抗雾霾产品或服务的购买意愿，以及雾霾天气下抗争行为参与频率等方面，一些城市居民相比另一些城市居民表现出更加事不关己、漫不经心或无所畏惧的态度。有几个方面的原因或许能够解释：第一，雾霾发生原因的外部归因。不必杞人忧天地去关心老天爷的安排，比如盆地地形导致冬季出现逆温层，这一逆温层是成都和北京两市季节性雾霾生成的重要气象条件，而地形和气象都不是个体所能左右的。第二，对雾霾的危害没有充分的主观认识，或觉得雾霾对其健康的损害可以忽略不计。相比于地震、泥石流、台风、核辐射等环境风险，雾霾污染一般不会造成即刻的、灾难性的后果，而且一段时间内雾霾发生的频率比较高，较低的后果可怕性以及较高的情境熟悉性可能降低了人们对雾霾污染的警觉性。第三，有比关心雾霾更紧要的事情去做。比如需要为嗷嗷待哺的孩子去挣奶粉钱，其他食品费用、学费或住房贷款的账单也纷至沓来。显而易见，家庭收入的捉襟见肘限制了部分受访者对于雾霾的关注程度。在他们看来，雾霾的风险是被草木皆兵、矫揉造作的有钱人夸大其词、别有用心地渲染出来的“莫须有”，是忍忍就可以过去的季节性伤疤。第四，调动心理上强大的适应机制，将雾霾天气视为冬春季节天气的常态，从而将心理境况与外部环境置于一个恰当的平衡状态。对雾霾污染的适应性使部分城市居民对空气质量的恶化变得不那么敏感。

第七章　雾霾天气下城市居民的价值观念表现

价值观是人们用于区别客观事物好坏、分辨其是非及其重要性的相对稳定的心理倾向体系，是推动并指引人们采取决定和行动的原则和标准，反映了人们的认知和需求状况。雾霾价值观是人们对雾霾形成原因、发生后果、治理责任等方面的评判标准。有关雾霾的价值观念在雾霾下公众社会心态的系统中具有稳定的支配性作用，价值观念与雾霾认知在动态反馈中相互影响，并共同作用于雾霾下的情绪反应及其行动倾向。

第一节　问卷调查中价值观念的量化分析

在发放的调查问卷中，本书将城市居民有关雾霾议题的价值观念设计为四个方面。第一，雾霾形成原因的价值观念，涉及 1 条陈述，“气象/地理条件是雾霾形成的主要原因”。第二，雾霾发生后果的价值观念，涉及 3 条陈述，“雾霾发生下无人能幸免”“现阶段，就业与蓝天不能兼顾”“雾霾污染割裂了社会各阶层之间的关系”。第三，雾霾治理责任的价值观念，涉及 1 条陈述，“雾霾治理主要是政府和企业的责任”。第四，雾霾治理预期的价值观念，涉及 4 条陈述，“雾霾污染是经济发展中的阶段性问题”“雾霾治理是艰巨战”“雾霾治理是持久战”“到2035年，生态环境根本好转，美丽中国目标基本能够实现”。统计结果见表7－1。

第一，一半以上调查对象持赞成态度的陈述分别是陈述1“雾霾治理是持久战”（85.8%），陈述2“雾霾治理是艰巨战”（84.5%），陈述3“雾霾发生下无人能幸免”（70.7%），陈述4“雾霾污染是经济发展中的阶段性问题”（64.1%），陈述5“到2035年，生态环境根本好转，美丽中国目标基本能够实现”（56.2%）。除陈述3以外，赞成态度的陈述都涉及雾霾治理预期，反映出调查对象对雾霾治理的艰巨性和持久性有着充分的估计，同时对雾霾治理前景保持谨慎乐观的价值观念。

第二，对于陈述6“雾霾治理主要是政府和企业的责任”，接近一半的调查对象表示赞成，但也有1/3的调查对象表示反对，反映出城市居民对政府和企业在治理雾霾中承担主要责任的期待，同时也并不赞成将所有责任都推给政府和企业而将公众与个体置身事外的价值观念。

第三，对于陈述7“气象/地理条件是雾霾形成的主要原因”，反对这一陈述的调查对象（44.1%）多于赞成这一陈述的调查对象（26.7%），反映出城市居民一方面承认客观气象和地理条件对雾霾形成有推波助澜的恶化作用，另一方面也意识到人类活动是雾霾肆虐的主要原因。

第四，对于陈述8“雾霾污染割裂了社会各阶层之间的关系”，反对这一陈述的调查对象（34.5%）多于赞成这一陈述的调查对象（25.4%），同时也有高达40.1%的调查对象对这一陈述表示保留（不好说）的态度。

第五，对于陈述9“现阶段，就业与蓝天不能兼顾”，反对这一陈述的调查对象（57.6%）远远多于赞成这一陈述的调查对象

(18.5%)，反映出城市居民承认就业与蓝天之间的相互矛盾和掣肘之处，但同时也意识到只要采取有效的措施，二者之间的矛盾并非尖锐到不可调和的地步。

表7－1　雾霾天气下城市居民的价值观念（%）

序号	陈述	很不同意	不太同意	两项合计	不好说	比较同意	非常同意	两项合计	均值
1	雾霾治理是持久战	1.5	3.9	5.4	9	47.5	38.3	85.8	4.17
2	雾霾治理是艰巨战	1.7	4.2	5.9	9.6	50.5	34.0	84.5	4.11
3	雾霾发生下无人能幸免	3.0	9.7	12.7	16.6	40.4	30.3	70.7	3.85
4	雾霾污染是经济发展中的阶段性问题	3.9	12.5	16.4	19.5	52.5	11.6	64.1	3.56
5	到2035年,生态环境根本好转,美丽中国目标基本实现	2.5	4.7	7.2	36.6	40.7	15.5	56.2	3.62
6	雾霾治理主要是政府和企业的责任	4.7	28.3	33.0	18.5	33.2	15.3	48.5	3.26
7	气象/地理条件是雾霾形成的主要原因	11.5	32.6	44.1	29.3	22.2	4.5	26.7	2.76
8	雾霾污染割裂了社会各阶层之间的关系	7.1	27.4	34.5	40.1	20.0	5.4	25.4	2.89
9	现阶段,就业与蓝天不能兼顾	17.9	39.7	57.6	23.8	14.6	3.9	18.5	2.47

第二节　深度访问中有关雾霾价值观念的定性描述

一　如何看待环境保护与经济发展之间的关系

（一）环境保护与经济发展可以兼顾观

这种观点认为，环境保护与经济发展从根本上是辩证统一、相辅相成的。这是因为，环境保护中的规制从短期来看意味着企业成本的提升和竞争力的削弱，但从长期来看环境规制能够激励企业改进技术（即波特假说），绿色、可持续的高质量经济发展能够有效减少企业污染排放并改善空气质量，实现经济增长与碧水蓝天的双赢；以破坏生态环境为代价的经济发展在满足局部利益和短期利益的同时牺牲了整体利益和长远利益，而加大环境治理力度，推动产业升级和企业转型，却能为经济高质量发展提供更大空间和新动能；不管是环境保护还是经济发展都统一于满足人民对美好生活的需要。

除了保护好环境，减少雾霾给经济发展、人民健康等方面带来的损失及成本之外，环境保护本身也可以带来经济效益，形成多条产业链，可以带来就业，促进高新技术、服务业等发展。那些为环境保护服务的技术公司，其本身就是经济发展的重要组成部分和促进经济发展的重要贡献者。（记录 2019073101）

因为自然环境能为经济发展提供必要的资料，经济发展也必须有自然的参与。保护环境可能会影响经济发展模式的转型。过去的粗放型的“两高一低”的发展模式是对自然环境有害的，但现阶段通过深化改革，能使发展模式发生转变，即转变到集约型、科学式的发展模式上来。在这种情况下，以前必然牺牲环境来发展经济的状况是能够得以改变的，因而经济发展与环境保护之间能够实现和谐相处和统筹兼顾。（记录 2019080303）

我觉得是可以兼顾的。环境污染不是企业众多造成的，也不是工作岗位众多造成的，而是有些企业和其他经济发展主体不注意环境保护造成的。北京的产业以金融、高新技术、服务业为主，其本身应该产生不了太多的废气污染物。这些污染物是由于人们的思想觉悟不够、缺乏必要的认识、不良的生产生活习惯造成的。

这两年汽车并没有减少，而且外地车和本地车的数量有较大幅度的增长，但为什么雾霾天数减少了，环境变好了呢？这就说明，经济发展与环境保护之间是能够兼顾的，而不是只能得其一。（记录2019080404）

“就业与蓝天二者之间不能兼顾”割裂了经济发展与环境保护二者之间的联系，是一种机械的、形而上学的认识。我们要用联系、发展、辩证的眼光看待这个问题。我们今天的环境污染、雾霾严重，就是因为以前的发展割裂了经济发展与环境保护之间的关系，没有把就业与蓝天二者统筹兼顾。如果还坚持此种旧观点，就会任由环境继续破坏下去。这与我们现阶段的发展理念显然是不相符的，甚至是背道而驰的。在我看来，经济发展与环境保护是相辅相成、相互促进的。经济需要不断地转型升级，环境保护恰恰是促进经济升级的催化剂和推动剂，二者不相互矛盾，甚至在现阶段，环境保护是推动经济发展的有效力量。很多新闻报道都关注过穷乡僻壤通过发展生态产业脱贫致富的案例；以及某些乡镇企业通过整治污染，改善生态环境，带动当地旅游业发展，扩大当地居民就业的事例。这些鲜活的事实，不都向我们说明着经济发展与环境保护是可以共生共促的吗？有些人可能会认为，比如让企业整改，限制生产，等等，严重影响了当地企业的营收，减少了当地政府的税收。确实，我们在做调研的时候，也采访到有些企业主面临的生产困惑，看到企业主脸上的愁容。这一点我是不曾否认的，但不能就此认为经济发展和生态保护是此消彼长的关系。因为这只是从企业主一个局部来考虑问题，我们不能偏执一隅，而是要站在全局的高度。反观那些贫困地区，依托发展生态产业脱贫的地区，当地居民生活的改善、口袋里的钞票、脸上的笑容，不也是我们应该反思的吗？（记录

2019080605）

我认为是可以兼顾的。二者之间不是你死我活的零和博弈关系，而是相辅相成的，可以用几个成语来形容，即离开经济发展讲环保是缘木求鱼、舍本逐末，离开环保谈发展经济是竭泽而渔、杀鸡取卵。良好的生态环境为经济发展提供健康的场域和必备的物质资料，经济发展反过来又能为环境保护和发展提供所需要的资金和技术。比如，经济领域的很大一部分企业本身就是促进环境保护的企业，这类企业在发展经济的同时也在保护环境，保护环境的同时也在发展经济。这样的环保企业也在交税，也在为发展经济出力。而且，做环保技术的企业可以将这些技术用于国内需要，也可以将其出口到国外，甚至形成完整的、新兴的产业链。（记录2019080908）

二者并不矛盾。诸如物质文明建设与精神文明建设可以兼顾，经济发展和环境保护也可以兼顾，道理是一样的。环境的破坏很多是不可逆的，而经济的发展则是可以逐步推进的。有些地方经济的暂时发展对环境的破坏，需要数倍甚至数十倍的经济发展带来的收益来恢复；更重要的是，对环境破坏的恢复，有的需要数十年甚至数百年才能有效果。过去那种以环境污染换取经济发展的行为，实践证明是大大错误的，不可持续的。就算是仅仅考虑经济账，不顾生态的一时发展，也是得不偿失的。要想不延续过去的老路，就要走经济发展与环境保护兼顾的路子。在二者兼顾发展的过程中，我认为环境监管部门应该发挥更大的监督职能，赋予其更大的权力，对经济发展所能造成的环境影响要科学评估，强力监管，环境评估通过不了的项目坚决不能放行。而经评估过后的项目，应大力支持，放开发展。从而，达到经济发展与环境保护二者兼顾的效果。（记录2019081713）

我觉得经济发展与环境保护之间是相辅相成、可以兼顾的关系。环境保护不好，经济很难发展得好；而经济发展不好，环境保护也就缺乏必要的基础条件，也就保护不好。有一个同学去日本留学，其先生是日本人，她经常说中国人没素质。我觉得她说话太过分了，我就问她如果中国不好，你为什么还要回来。她说，日本人会自觉地维护环境，树叶掉了，有人会自动将其拾起来，都不用清洁工打扫。我就说，日本人口少，面积也小，其本来就很好管理，很好治理环境。而且，日本已经是发达国家，有更多条件做好事情，而且老百姓的素质也要高一些。中国还在发展中，得慢慢来才行，但我觉得中国已经很好了。而且，随着中国的继续发展，老百姓的素质越来越高，我们老百姓的环保意识也会越来越高。到那时，我们的环境应该比日本治理得更好。透过这也能说明，其实经济发展和环境保护二者是可以兼顾的。（记录2019081814）

经济发展与环境保护二者之间的确有矛盾的一面。后发国家或地区由于环境保护意识和技术的局限，的确有牺牲环境而求得一时经济发展的共性特点。但我们始终要意识到牺牲环境实现经济的发展往往是得不偿失的、不可持续的。比如云南大理的洱海，蜂拥而至的全国乃至世界各地的游客为当地旅游经济的发展注入了很大的活力，但大量生活污水向洱海排放导致水质蜕变为劣五类，这样的经济发展怎么能持续呢？据说云南为治理滇池，把滇池周边所有企业的产值填进去都不够。这样的教训是比较深刻的。我们也要特别警惕为了个别部门、个别人、局部的经济发展而牺牲全局性、长远性的环境存量的现象。中央政府为维护全局性的、长远性的利益，往往在环境保护上雷霆万钧，而地方政府（官员）为了局部利益、短期利益就有牺牲环境而发展经济的冲动。治理污染的过程，在某种程度上就是追求更先进生产技术的过程。为了维护所谓的短期就业而保住落后产能，就像为了“大清百万漕工衣食所系”而拒绝发展海运一样荒诞。经济发展与环境保护也并不都是相互抵触的，二者也有相互促进的一面，环境保护为经济发展保驾护航，经济发展反过来又促进了环境保护，这样的案例在全球都屡见不鲜。（记录 2019032021）

经济发展如果大大破坏了环境，就业如果大大破坏了蓝天，那么经济发展或者就业就失去了本来的意义。所以，二者之间不是能不能兼顾，而是必须兼顾起来。我认为不能为了招商引资、把高污染高消耗的利税大户吸引过来从而付出破坏环境的巨大代价。尤其是成都这样的地理环境，发展经济不应该依靠重化工业，而是应该突出西南中心城市的优势，吸引人才，重点发展服务业、高新技术产业和文化创意产业。高新制造业可以搞一些，但要在环保方面提出严格的标准和要求。总之，如果雾霾天气导致医院人满为患，发展经济的最终目的又是什么呢？不管是坐办公室的白领，还是工厂里的蓝领，对这个问题的回答，应该是一致的。（记录 2019032825）

查看一下全球主要城市的 AQI，你就会发现北美、欧洲和日本这些发达经济体的绿色远远多于东亚和南亚。不管造成这种分布的综合原因是什么，我想这个绿色分布足以作为经济发展和环境保护、就业和蓝天之间可以兼顾的一个有力实践证明。包括水处理、固体废弃物处理、环境服务以及污染治理等领域在全球环保产业中的规模越来越大，而北美、欧洲、日本等发达经济体凭借自身厚实的产业基础和先进的环保技术，在全球环保产业中占据领先地位和绝对多数份额（据说，这些发达经济体对华实施先进环保技术的出口管制）。欧美过去的教训和今天的经验表明，经济发展与环境保护之间的关系不能割裂，两者不是完全对立的关系。这是一个如何多方平衡和相得益彰的问题。（记录2019033126）

的确二者之间存在着矛盾，但还是要看主次之分的。就像不能竭泽而渔、饮鸩止渴一样。追求目前的经济利益却要用人们的健康和地球的寿命去换取，这样的经济利益最终也实现不了。在我们小时候，课本上一直描述的都是“我国地大物博，物产丰富，取之不尽用之不竭”。可是，现在的孩子学习的内容完全不是这样了，每天学习的都是如何保护水、如何保护空气……所以，现在大家已经很明显不是只顾眼前利益，而不考虑将来的死活了。而我个人认为，不是我们要环保，经济利益就消失了；消失的也只是眼前的经济利益，而长期的经济效益不会减少，就像俗语所说的：磨刀不误砍柴工！（记录2019041128）

（二）环境保护与经济发展很难或有条件兼顾观

这种观点认为，环境保护与经济发展在一段时间内是冲突和矛盾的，二者之间的兼顾是有条件的，平衡二者之间的关系是一项复杂的任务。这是因为，加强环境保护在短期内给一些地方的经济发展带来很大的压力，特别是在这些地方历史延续而形成的产业结构不尽合理、企业绿色发展的技术储备不足等原因导致大量污染的情形下；搞一刀切式的环境治理运动往往突破了一些地方经济安全运行的底线，最终使得没有经济保障的环保运动流于形式、胎死腹中。实践中，一些地方和企业在一段时间里依靠破坏生态、污染环境、消耗资源换来了生存空间，依靠行政手段关停并转产能结构过剩、产业集中度低、创新能力差、环境污染高的园区和企业，势必影响这些地方的经济发展，从而陷入为了经济发展（就业）而牺牲生态和环境（蓝天）、为了环境保护（蓝天）而牺牲经济发展（就业）的左右为难和发展阵痛中。“环保冲击实体经济”的声音也因此不绝于耳。

我觉得在短期内，我们在环境保护与经济发展之间很难做到统筹兼顾。在经济发展的起步阶段，我们发展经济可能要着力发展重工业和高污染的工业，这就没法同时保护好生态环境；但是从长远来看，特别是当经济发展起来之后，当我们有良好的技术和充足的资金的时候，我们发展经济就意味着有更多的选择，就可以多发展环保产业，运用新技术和资金去治理环境污染。在这时，也就是从长远来说，经济发展与环境保护二者之间就是能够兼顾的。（记录2019080202）

我认为，二者肯定是存在一定的矛盾的。很多时候，经济发展确实会对环境保护造成危害，特别是在不恰当的经济发展方式与发展理念指导下。面临这种情况，很多人不会第一时间想着去解决二者之间的矛盾，在二者之间寻找发展的平衡点。相反出于利益考量、经济诉求等方面的原因，很多人都会选择优先发展经济，选择利益至上。这种做法很普遍，不仅个人在谋求生存和生活的时候，会这样选择；一个国家和民族，在发展的初期阶段，也会做出这样的选择。可以说，这是一种无奈之举。不过庆幸的是，我们国家越来越多人开始有长远眼光了，边发展经济边保护环境，很多科学技术也开始被用于保护环境和支持经济发展。期待更多这样的技术，期待更多人树立环保意识，在这种情况下，经济发展和环境保护是有可能兼顾的。（记录2019080706）

我觉得经济发展和环境保护是能够兼顾的，而且这是经济发展和社会发展的必由之路。只有二者统筹兼顾起来，经济社会才能持续地加以发展。当然，这就需要政府发挥好宏观调控的职能，做好相关的规划，出台可行的政策措施。只要相关的政策措施是有效的，又被落到了实处，那么就能既实现经济的更好发展，又实现生态环境良好的目标。现阶段，雾霾程度的减轻，不正好说明了经济发展与生态环境保护是可以兼顾的吗？当然，实现二者的兼顾还需要很多条件，特别是科学技术条件要具备才行。以科学技术来发展经济，才能让企业少排放污染物；以科学技术来治理污染，相关部门才能更好地治理好污染。（记录2019090220）

二者兼顾起来是有难度，但不是不能做。毛主席讲，世上最怕认真二字。共产党人最讲认真，真的认真起来打好环保攻坚战，可以很好地协调好二者的关系。现在处于转折关头，也是关键时候，三十年前讲兼顾经济和环保有些困难，但现在可以做到二者的兼顾，一是经济有基础了，二是技术有进步了。（记录2019032122）

二者是可以兼顾的，但关键在于我们选择什么样的经济发展模式，关键在于政府的执政理念当中把保护环境放在什么样的位置，关键在于我们的科技发展水平。如果我们坚持科学发展观，改变过去的粗放式经济发展模式，那就能处理好经济发展与环境保护之间的关系。如果政府执政理念中，把保护环境放在一个优先考虑的重要位置，而不仅仅追求经济发展速度，那就能处理好经济发展与保护环境之间的关系。不仅如此，还要取决于科技的发展，做到这一切都需要科技创新来支撑。小平同志讲，“科学技术是第一生产力”就是这个道理。如果我们的科技发展水平高，我们自然可以完成产业结构的升级与发展模式的转变，这样才具备把环境保护放在优先考虑的前提和条件。超前而不切实际的环保与不顾环境容量的经济发展都是要不得的。（记录

2019032223）

二者能否兼顾取决于我们现有的经济结构，如果我们的经济结构本就是以金融业、服务业、高新技术产业为主的，我想大家就不会纠结于这个问题了，因为雾霾根本就不会出现，或者说污染程度要低很多。正是因为，长久以来我们的发展理念已经导致了高度依赖工业、制造业和基础设施建设投资来驱动，而这些领域中很多细分行业都具有高污染、高能耗特点。这就导致了我们目前的经济结构下，只能通过产业结构调整的方式降低污染和能耗，而这些被调整的产业又往往具备劳动密集型的特点，就业因此会下滑，但这只是短期现象。随着新兴产业的发展，就业率会再次上升，并且新兴产业的动能更足，将会为经济发展带来新的活力，从长远来看，经济发展和环境保护可以兼顾，这是没有问题的。（记录 2019041027）

我认为经济发展与环境保护二者之间经常发生冲突，很难做到兼顾。就像前几年石家庄药企因为严重雾霾而停产整顿时工人发出的感慨那样，“真怕雾霾没把我们毒死，先把我们这些底层员工饿死了”，雾霾治理和就业在一段时间内出现彼此不能兼容的尖锐矛盾。因为从当今全球发展状况来看，发达国家基本上都经历了“先发展后治理”的路子。只有经济发展了，才有实力治理环境。这是硬道理。不过，“先发展后治理”也让发达国家付出了惨重代价。这也是 20 世纪下半叶之后“生态”成为热门词汇很重要的原因。随着中国基本解决温饱问题、共同奔向小康生活，老百姓有了“望得见蓝天，看得见绿水，守得住乡愁”的高阶需求，这是发展起来之后的新需求，是中国人集体成长的见证，是我们生态意识的集体觉醒，但是，不得不说，我们付出了环境破坏和由此导致的癌症频发的代价。我觉得，解决好经济发展与环境保护的悖论，需要真正贯彻执行习近平同志提出来的“既要绿水青山，也要金山银山；宁要绿水青山，不要金山银山；绿水青山就是金山银山”的“两山”理论，落实好财政反哺生态环保产业的补贴制度。（记录2019041229）

在一定程度上二者是不能兼顾的。利益驱动和人们的逐利性会导致空气、水体、土壤、森林等公共产品成为不被企业核算的成本，最终成为全体人类付出的代价。但人与自然本是一体的，自然界不是取之不尽用之不竭的原料库，也不是可以随意倾倒和丢弃的垃圾场，所有对环境的无节制使用和污染，最终都会变成对人类生存的威胁。因此，不能牺牲环境谋发展，必须由政府主体来干预发展中的无序和非理性。（记录2019041531）

二　如何看待雾霾污染割裂了社会各阶层之间的关系

（一）支持雾霾污染割裂了社会各阶层之间的关系

这种观点认为，制造雾霾污染的企业或个体将污染成本外部化，让广大公众特别是经济上处于劣势的社会中下阶层深受其害，富人却可以因为更大的财务自由而选择逃离雾霾严重区域。不同阶层在应对雾霾天气上的支付能力也有很大的差异，因此，阶层之间的割裂关系因为雾霾污染而进一步加重。

空气污染物在富人当中排放得更多，因为富人开设有更多的企业、拥有更多的汽车；而空气污染物在穷人中排放得更少，因为穷人没有开设公司，所拥有的汽车也少。不仅如此，一旦雾霾严重，富人有充足的资金去没有雾霾的地方旅游躲避；而穷人往往居住在空气污染严重的地区，缺乏足够的资金来保护自己。空气污染虽然是一个广泛的现象，但显然在富人和穷人之间存在着

呼吸不平衡的现象。穷人呼吸着富人制造的污染空气，这也是穷人感到愤怒的原因之一。（记录2019080202）

国际范围内，发达的资本主义国家在历史上是全球温室气体排放的最大元凶，在现阶段要求广大发展中国家把二氧化碳的排放量降到最低水平，这显然是对广大发展中国家生存权利和发展权利的剥夺和削弱。这是一种国际不平等的表现。类比到国内的环境问题特别是雾霾天气也一样，发达地区占尽了技术和资金的先机，而落后地区则没有必要的技术和足够的资金，发达地区却把污染重的企业搬迁到落后地区，使落后地区的老百姓承受雾霾，发达地区的人因为发展高科技而享受清新的空气，这显然是地区不公平的现象。穷人和富人之间同样存在着类似的现象。因为空气污染，我们的阶层划分又多了新的证据，即买得起清洁空气（通过空气净化器）的和买不起的，能够逃避雾霾的和不能逃避雾霾的，更不用说那些因为生活所迫只能去重污染行业就业、在重雾霾天气下还得工作的低收入群体了。富人挣钱多，拿钱买健康；穷人挣钱少，只能用健康来换钱。从这些现象来说，环境问题、雾霾天气的确是割裂社会阶层关系的又一导火索。（记录2019080303）

收入分配不均造成社会阶层之间的贫富分化；当差距越拉越大的时候，人们肯定会对占有更多资源的阶层表达心理上的不平衡，比如社会中广泛存在的仇富心理。仇富心理事实上是对社会不公平现象的不满，而雾霾恰恰是不公平现象的一种体现。雾霾治理，人人有责，这没有问题，但是责任谁多谁少就成了问题。有人认为，富人阶层开设工厂制造的污染肯定不少，他们应该对雾霾负有更多的责任。他们拿着公共生态产品去赚自己的钱，收入收归自己囊中，但是生态却受到破坏，所有老百姓都要为此埋单，这有违谁污染谁负责的社会公平原则。这样一来，普通百姓对富人阶层、有产阶级的不满情绪肯定会更大了，再严重的话，会上升为对整个社会的不满情绪。从这个意义上说，雾霾天气加剧了社会阶层关系的割裂。（记录2019082215）

今天我们发现，阶层有固化的迹象和趋势，比如教育不仅不能成为打通阶层壁垒的有效渠道，反而会成为阶层固化的帮凶，富人越来越多地占有优质教育资源，这使得富人和穷人的孩子越来越不处在激烈社会竞争的同一起跑线。反观雾霾天气下，我们这个城市的一部分人通过季节性国内移民乃至国际移民规避了雾霾给其本人和家庭带来的负面影响。而这部分先富起来的人往往成为根本没办法挪窝的公众激烈抨击的对象。财富仿佛给富人插上了自由翱翔的翅膀，而无可奈何的穷人只能任由糟糕的空气绑架。（记录2019032021）

从雾霾的肇事者看，富裕阶层应该是制造雾霾最多的群体，因为更多的钱意味着更多的生产和更多的消费，而更多的生产和消费都容易制造更多的雾霾。比如，高消费、炫耀性消费比起穷人的消费来说制造了更多的空气污染，这容易在不同阶层之间制造割裂甚至制造仇富情绪。同时，从雾霾的防护来看，富人住在城市郊区或山野别墅，雾霾很少或根本就没有。但穷人住在城里，而城里的雾霾普遍比郊区或别墅区的雾霾要严重些。这也造成了社会割裂。还有，富人可以买空气净化器或安装全屋的新风系统，但穷人没钱，买不起。所以，从一定意义上说，雾霾天气看似提供的是相同的公共产品，但是不同的社会群体应对雾霾的能力和水平是有巨大差异的。（记录2019032122）

表面上，面对不能呼吸之痛，穷人与富人似乎一下子真正平等了，他们都必须呼吸同样的霾；然而，面对同样的霾，穷人与富人的应对措施与能力是有着天壤之别的。穷人几乎别无选择，霾天又能如何？活着才是第一要务。于是乎，对于穷人而言，求温饱是第一位的需求，其次才是求环保。富人因为经济优渥，他们能够去空气质量良好的国家或地区，躲避因为空气质量差导致的严重后果。其实，追根究底，富人反而应该对环境恶化担负更多的责任，故而他们的行为实在令人不齿，也是他们缺乏社会责任感、时代使命感，缺乏担当意识和责任意识的表现。这显然会导致阶层关系紧张。……我觉得中国的霾现象是一面镜子，它既是中国发展的见证，也反映了中国发展起来之后出现的不少问题。所以，正像威廉·莱斯在《自然的控制》一书中写的那样，“它既是人与自然失调的生态问题，也是人与人之间关系失调的社会问题”。（记录2019041229）

根据我的观察，雾霾天气至少引发了社会上的这两对矛盾。一是民众与政府的矛盾，“喂人民服雾”“霾是故乡醇”等段子，都在用揶揄的方式抗议政府的不作为或者乱作为。记得2017年雾霾最严重的时候，成都媒体、市民朋友圈里都出现了很多类似的话语和图片，应该是相关部门要求对媒体进行干涉，这种现象才不了了之。在很多人的观念里，雾霾天气终归是政府的责任，GDP的成绩是政府的，但是由此带来的后果却是普通大众都要承受的。雾霾持续，人民对政府的信任会大打折扣的。二是所谓的特权阶层与平民阶层的矛盾，或者说富人阶层与穷人阶层的矛盾。如果有钱，可以在海南岛或者云南买一套房子，雾霾严重的时候，直接飞过去“避霾”。钱也可以买到高级的空气净化器，据说更高效、更静音；也可以买到带空气过滤功能的汽车，目前很多高端汽车已经配备了该功能。如果没有钱，只能原地待命。（记录2019041632）

（二）认为雾霾污染割裂了社会各阶层之间的关系有点夸大其词

这种观点认为，严重雾霾天气下，生活在其中的每个人都难以置身事外、独善其身，不管是位高权重者，还是人微言轻者；不管是富商巨贾，还是引车卖浆者，都是严重雾霾天气的受害者，因此，包括富人和穷人在内的社会各阶层都生活在同一片蓝天下、呼吸同样的空气。在雾霾面前，人与人之间的关系是平等的，利益是一致的。

从表面上看，特别是站在产出与治理、受害和受益的角度来看，好像是这样（割裂了社会阶层关系）。但是，实际上不是这样的，富人提供了各种资源，创造了各种就业机会，产生了80%以上的财富，而比起所产生的污染物和逃避污染物来说，这根本不算什么。富人能量大，对经济社会发展的贡献大，多享受一些清洁空气也可以理解，不会是阶层关系的导火索，不能这样危言耸听。（记录2019080404）

我们都是剧中人，我们呼吸的是同样的空气，在空气面前人人平等，在雾霾面前任何人都难以置之度外，空气污染对任何人的身体危害是一样的。所谓雾霾天气割裂社会阶层关系，难道说不同阶层的人享受的空气不一样吗？我看并不见得。有钱人无非能够拥有更全面的保护措施，更多的选择，但没有人能够生活在一个绝对真空的环境中。（记录2019080605）

社会阶层关系是一个很复杂的问题，雾霾天气对其也许有一定影响，但很难说雾霾天气就是导火索。从归因上讲，雾霾天气并不是割裂社会阶层关系的原因，反而有可能是社会阶层关系固化加重了对雾霾天气的怨恨和不满。社会阶层关系要放到更大的层面上考虑，最为根本的可能还是与整个社会的生产和分配等因素有关。认为雾霾天气导致社会阶层关系割裂，应该是只看到了表象，没找到根本原因。尤其是同处在雾霾天气时，哪还有什么穷人、富人可言？哪还有什么阶层可言？环境面前是人人平等的。社会上可能会有这样的声音，认为富人通过生产或者什么途径致富，对环境造成的污染要比穷人多，会加深穷人与富人之间的仇视与对立。我觉得探讨雾霾问题应该不是目标，人们更多的还是想要借助雾霾问题表达对社会分配问题的不满。（记录2019080706）

我觉得雾霾的治理关键之一在于宣传和引导全社会参与其中，如果宣传和引导得当，不仅不会割裂社会阶层关系，而且会整合社会各阶层之间的关系。穷人和富人都会受到雾霾的影响，基本上没有谁能置身事外，共同应对人类社会同一个棘手的问题会弥合各方的分歧，从而成为社会团结的建设性力量。（记录2019080807）

富人可能拥有更多的汽车、更多的企业，比穷人排放了更多的废气，但是同在一片天空下，富人同样会受到雾霾的惩罚，即便富人有钱去没有雾霾的地方旅游，但其时间宝贵，需要花费很多气力经营企业，也没有多少时间出去旅游。只不过富人可能比穷人有较多的资源来相对减少雾霾的影响，但这还远够不上阶层关系割裂的导火索，顶多只是一点差异而已。（记录2019080908）

在雾霾天气下，有什么穷人富人之分，还有什么阶层分化，我是不太赞同的。社会阶层关系的割裂主要是社会分配不公造成的。目前阶段，全社会的环保意识也许还不够强，对雾霾制造者有比较大的社会宽容度，不像对资本占有者的要求那么苛刻。生态方面，好像并没有引起什么社会割裂或者隔阂。因为空气对每个人都是公平的，你破坏了，就要跟大家一起承担后果的，不可能不呼吸，置身事外。（记录2019081713）

财富分配不均才是割裂社会阶层关系的原因和导火索。富人可能产生的雾霾多点，穷人可能产生的雾霾少点；富人可能有更好的措施来防护雾霾，穷人可能受雾霾影响和伤害更多，但人们终归生活在同一片天空下，富人和穷人都会受到雾霾的影响，只不过程度上有些差异而已，还够不成割裂社会阶层关系的导火索。（记录2019090220）

我知道有些经济条件好的朋友在冬天会去三亚等空气好的城市度假，但也只是暂时离开雾霾严重的城市而已，毕竟一年大部分时间还是在老地方工作和生活。省部级领导干部、国家领导人、亿万富翁，他们有没有功能非常强大的空气净化设备？食品可以特供，空气总不能特供吧？富人权贵的医疗条件也可能比老百姓好，但空气呢？疾病和死亡是人类最大的平衡器。（记录2019032825）

一方面，社会资源与财富的分配是各方面平衡与妥协的结果。一部分人的利益，无论是经济上的还是环境上的，都会被放在另一部分人之后。这样看来，必然有对立的两方。另一方面，在责任划分上，由于企业污染的显性和个体污染的隐性，空气或其他污染更多的责任被放在企业和政府的头上。这又加剧了刚才说的对立。从某种程度上说，雾霾天气确实会加剧人们对政府的不信任和不满情绪。但将雾霾视为割裂社会阶层关系的导火索，我个人觉得还不至于。对生活在雾霾严重城市的普通居民而言，雾霾天气带给他们的危害和情绪影响，并不会让他们对远在农村享受新鲜空气的农民感到怨恨，也不会将矛头指向制造空气污染的企

业家，往往只会对国家经济发展现状发一通牢骚，无奈且妥协地继续生活下去。（记录2019033126）

在雾霾天气严重的那段时间，富人的确成为众矢之的。比如很多工薪阶层因为必须朝九晚五上班而无法“逃离”雾霾，却看到其他人可以在空气新鲜的海南等地方享受度假生活，心理上必然会有所失衡，但是能不能达到割裂社会阶层关系的导火索这一程度，我个人无法判断。因为即便没有雾霾，这种不同消费与生活方式的强烈反差也经常出现，是否需要将雾霾天气下和非雾霾天气下的外出旅行人数做个对比再下结论更客观呢？（记录2019041027）

我们每一个人都要生存在这样的环境中，每一个人都需要呼吸。无论社会阶层怎么样，我们呼吸的都是同样的空气。即使是部分人为了追求个人的经济利益而造成了空气的污染，而空气污染后带来的伤害是施加在每一个人身上的，也包含了他自己。同时，富人经营的工厂也解决工薪阶层的就业问题，富人和穷人是一根绳上的蚂蚱。（记录2019041128）

三　如何看待政府、企业和公众在雾霾治理中的责任

（一）政府、企业和公众在雾霾治理中负有共同的责任

这种观点认为，考虑到空气的公共产品属性，治霾是包括政府、企业、公众等所有主体在内的全社会的共同事业，没有广大公众环保意识的真正觉醒和环保行动的自觉参与，政府单打独斗的雾霾治理不可能取得真正的胜利。其中，政府尤其需要通过制定并严格监督执行环境方面的法律法规及相关政策来保证必要的大气质量，同时也要引导并促进公众广泛参与环境治理；企业则需要配合政府的决策，

遵守相关环境法律法规，采取有效节能减排措施减少污染物排放；而公众必须通过改变自身生活方式以减少污染排放，为雾霾治理做出贡献。倘若将治霾责任全部推卸给政府或企业，将会强化公众作为雾霾“受害者”的角色而弱化每一名公民也是雾霾“制造者”的责任。

造成雾霾的虽然是工业排放、汽车尾气等多种因素，但却是每位个体参与其中的。因此，在治理雾霾时政府和企业应积极发挥主导作用，但不能将责任尽数归于这两者。只有全社会的意识提高了，雾霾才能得到根治。“积小流能成江海，积跬步以致千里”，每一位民众从小事做起，从点滴做起，都参与节能减排、防止雾霾的行动，那么我们的环境一定会得到更大的改善，雾霾治理也能取得更加明显的效果。雾霾乃至环境和生态问题，实际上也是经济问题、政治问题、社会问题，是由公民及各类组织的相关活动所造成的。因此，治理这些问题，普通公民不应该缺席。当雪崩发生时，没有一片雪花是无辜的。（记录2019073101）

政府是由人民选举产生的，当然应该出力并参与雾霾治理行动。雾霾形成的重要原因就是企业排放过多的污染物，企业也当然要在雾霾治理的过程中出大力。但仅此还不够，公民个人的参与也很重要，例如个人的生活习惯就能影响雾霾的状况。多采用公共交通工具，平时多省电、多节约用纸、采用健康的生活方式等，都能为雾霾的治理贡献一分力量。所谓“积少成多”，如果人人都尽力，雾霾的治理将并不困难，效果也会更加明显。（记录2019080202）

政府在治理过程中主要起监督作用，而个人的作用也很重要。例如，出租车司机、购物的大妈等对雾霾的治理都有作用。个人的力量虽然渺小，但积少可以成多，大家都经常坐地铁、公交车等公共交通工具，多选择骑单车，采用多次重复利用的购物袋等，都会对治理雾霾产生作用。北京所采取的限号、限行的措施很好，既能减少交通拥堵，又能减少汽车尾气排放，但这基本上都是政府行政手段的推动。如果个人能够形成保护生态环境、减少废物废气排放的意识和自觉性，那就更好了。但没有几代人的教育和宣传，普通大众很难形成这种观念。日本民众之所以形成了这种观念，也是几代人宣传和教育的结果。这也是日本的环保做得好、垃圾分类做得好的重要原因，甚至是主要原因。（记录2019080303）

政府掌握着公共权力，坚持全心全意为人民服务的宗旨；而企业掌握着大量的资金，又是污染物的主要排放者。因此，政府和企业应该在雾霾治理的过程中承担主要的责任。但是，这并不是说，公众在治理雾霾的过程中就什么都不用做。相反，公众也需要多注意雾霾的治理，并积极参与各种行动。公众应该做些力所能及的事情，主动减少垃圾的排放和处理，选择公共交通工具出行，少开私家车，而且尽量选择离公交车站和地铁站比较近的地方居住，以方便乘坐公共交通工具出行。（记录2019080404）

大气污染源的确需要靠政府的政策约束，企业严格律己，控制排放。但民众在空气质量不佳的情况下，减少私家车的出行，多采用公共交通工具，正确认知雾霾的危害性并正确防护，农村地区自觉不用燃煤，等等，都可以对减少雾霾起到作用。应该说，雾霾治理人人有责，人人都要参与，不能把责任全都推给政府和企业。（记录2019081713）

空气具有公共产品的性质，如果政府的职能之一在于为公众更好地提供公共产品，那么政府主导治理雾霾污染责无旁贷、义不容辞，事实上也只有政府领导和组织才能完成雾霾治理的重任。企业作为生产单位，依法依规缴纳赋税，除此之外，企业也有基本的社会责任和道义配合政府减少污染物排放，促进公众健康。企业尤其是散乱污的小型企业，由于成本控制的缘故，容易出现将内部的污染排放成本交由全社会承担的先天风险，这也是经济学上所说的“外部不经济”。因此，企业不仅要自律，还需要全员、全程和全方位地接受“他律”，形成“谁污染，谁负责”（或排放成本的内部化）的机制。如果单单靠政府和企业就能解决雾霾治理，那么世界其他各国特别是发达国家就不会因为雾霾等空气污染而感到棘手和大费周章了。当且仅当全社会的公民行动起来，建立一种良好的有益于生态环境的健康生活方式时，雾霾才会有真正消灭的希望。我想这才是“党委统一领导、党政齐抓共管、有关部门各负其责、全社会协同配合的工作格局”的真正含义所在吧。（记录 2019032021）

我认为把责任全部推给政府和企业是不对的。正确的说法应该是“雾霾天气治理主要依靠政府和企业”。这是因为大范围监测和治理的手段和资源掌握在政府和企业手里。长期大范围的监测和治理需要有大量的人力物力，也必须有组织地进行，这是个人无法企及的。同时也不应把雾霾的成因全部归咎于政府和企业，这会让民众有一种受害者的感觉，不利于唤醒民众的减排意识。（记录 2019033126）

我认为政府是环境保护和治理的政策制定者、行动实施者和监管者，企业必须肩负环境保护的社会责任。而每个个人都应该有环境保护和监督的意识与行动。构建一个多方协同参与的环境保护治理体系是雾霾治理的关键。（记录 2019041531）

（二）政府、企业和公众在雾霾治理中负有共同而有差别的责任①

这种观点认为，尽管承认政府、企业、公众等在雾霾治理中有着共同的责任，但在共同责任中应区分出政府是雾霾治理的“主要领导责任者”角色，这一领导责任是由“各级人民政府应当对本行政区域的环境质量负责”的义务所决定的；在共同责任中还应区分出广大企业是雾霾治理的“直接责任者”角色，这一直接责任是由“企业事业单位和其他生产经营者应当防止、减少环境污染和生态破坏，对所造成的损害依法承担责任”的规定所决定的。同时，“公民应当增强环境保护意识，采取低碳、节俭的生活方式，自觉履行环境保护义务”。倘若不区分“主要领导责任者”和“直接责任者”角色，势必放任一些地方政府和企业为了经济发展而牺牲生态和环境，势必削弱企业作为雾霾“制造者”所应承担的主要社会责任。

> 个人在环境保护中也有责任，这点是毋庸置疑的。但作为社会个体的人，总是趋利避害的，其选择往往基于个人的考虑，缺乏长远和全局的目光，因此让个人承担雾霾治理的主要责任是不现实的，也是不可能的。企业，可以说是制造雾霾的主体之一，控制住了企业的排放，雾霾治理就成功了一半。政府虽然不从事生产，但是政府可以通过行政手段对个人、企业的行为进行引导甚至强制要求，比如汽车限行，生产控制，等等。这样看来，政

---

① “共同但有区别的责任”原则（Common But Differentiated Responsibilities）是联合国气候变化框架公约中的一个重要原则，这一原则认为，所有国家都有责任应对气候变化，但不同国家的责任不同，应根据各自的能力和社会经济条件来承担相应的责任。基于此，由于历史上和目前全球温室气体排放的最大部分源自发达国家，因此发达国家应当承担更大的责任，采取更多的行动来减少温室气体排放；而发展中国家则可以在满足其社会和发展需要的同时逐步减少碳排放。本书是对这一原则的借用。

府和企业在雾霾治理上是应该承担起更多、更大的责任的，因为能力更大，拥有的公共资源更多，他们作为主体，办法就会更多，担负的责任也就更大。（记录2019080605）

我认为，政府和企业是治理雾霾的中流砥柱，但是需要我们每个人的配合行动。不能仅仅把责任归结于政府和企业，这是很片面的。但是，不得不说这种认识和想法也是情有可原的，因为公众会觉得造成雾霾的主体是企业，或者是政府的不作为，错误的发展理念等，那雾霾治理的主要责任自然就归政府和企业了。这也从侧面反映出公众对政府的期待是很高的。但我们也可以看出，这种想法是不全面的，没有反观、反思作为社会人的我们自身在环境保护中的位置和责任，只将眼光向外，而不向内，这样是不客观的。政府和企业积极作为，我们每个人也应该从日常生活的点滴做起，例如：不乱扔垃圾，不随意焚烧废弃物，参与治理雾霾的志愿活动，积极献计献策，等等。再例如，通过自己的行动带动身边人树立起保护环境、爱护自然的意识。这些对雾霾治理和保护生态环境都有作用。（记录2019080706）

我认为政府和企业的确应该在雾霾的治理中发挥主要作用，负主要责任。因为政府是权力的拥有者，能够利用权力以及其他力量进行有效的宏观调控，从而减少雾霾的排放。企业是雾霾的主要来源，而且资金雄厚，理应在雾霾治理的过程中发挥好主体作用。此外，还要注重民众力量的发挥，毕竟我国是拥有将近14亿人口的大国，具有人力上的巨大优势。如果引导民众力量的措施得当，当可以汇聚成治理雾霾所需要的磅礴之力。再严重的雾霾，在这种情况下都可以被治理好。政府的力量和企业的力量都需要民众力量的配合才能更好地发挥作用。如果只是政府和企业发挥作用，而民众不发挥作用，甚至民众在雾霾治理的过程中起反作用，那雾霾是不可能治理好的，而且治理雾霾的成本将会升到很高很高。因而，政府、企业、民众三者要形成治理雾霾的合力，才能将雾霾治理得更好。(记录2019080807)

我认为雾霾天气的治理主要就是政府和企业的责任。政府有权，能够集中人力物力治理雾霾；而企业有钱，也可以多采用环保技术产品来进行生产。当然，保护环境、治理雾霾人人都是有责任的，老百姓也都有责任。但主要负责的应该是政府和企业，政府管得严格了，监督到位了，我们执行环保政策和措施也就执行得更严格、更到位。例如，现在饭店里不让人吸烟了，就是因为政府监管到位，我才让客人都不要在店里吸烟。当然，老百姓要不断提高环保意识，要明白自觉参与环境保护的好处，要主动自觉地严格执行政府出台的各项政策或措施，老老实实地做好有利于雾霾治理的各种力所能及的小事情。在现阶段，老百姓主动行动很难，得有政府来督促才行，毕竟老百姓的素质还不够高，环保意识也还不强。(记录2019081814)

政府是人民的政府，行使人民赋予的权力，当然要为人民群众做事情。人民群众厌恶雾霾，人民群众受到雾霾的影响，政府就应该义不容辞地治理好雾霾，肩负起最主要的责任。企业是雾霾的重要产生者，是雾霾的最主要来源之一，而且企业主赚了老百姓和社会那么多钱，难道不应该在治理雾霾的过程中肩负起主要责任？当然，企业并不会主动肩负起主要作用，这就需要政府督促其肩负主要责任。在雾霾治理过程中，企业所肩负的主要责任一定是与政府的主要责任连在一起的。当然，政府和企业肩负主要责任，老百姓也要积极参与其中，特别是老百姓在治理雾霾时可以起到监督作用，对于乱排污染气体的现象，可以及时上报。对于治理雾霾的效果，老百姓也可以及时反馈等。老百姓直接参与雾霾的行为，需要相关

部门的组织和引导才行。（记录 2019090220）

首先是政府的领导责任，我举个例子，许多污染企业都是政府批准建立的，以前政府的发展理念就是经济第一，环保第二，为了就业，可以牺牲环保。现在政府的发展理念变了，绿水青山就是金山银山，所以开始抓环保了，最起码经济和环保同等重要了，雾霾治理就有了明显的成绩。其次是企业的社会责任。许多企业只知道赚钱，不知道环保，利润自己赚，破坏环境则由全民埋单。监管企业，督促企业履行社会责任是政府的重大职责。新型政商关系是亲和清，“亲”就是政府要关心企业，关注企业，关爱企业；“清”就是要监督企业，管制企业，引导企业，政府不能被资本左右和绑架。（记录 2019032122）

雾霾治理应该是整个社会的责任，需要全社会的共同努力。当然，第一责任人应该是政府，因为好的空气质量或好的生存环境是一种公共产品，政府有责任来提供。当然，政府的责任主要在于出台相关政策，完善环境保护的相关法律法规，加大执法力度，加强对企业的监督管理。政府的责任主要在制定政策和立法方面。企业应该是直接责任人，企业在追求经济效益的同时，要承担起社会责任，注重企业在公众中的形象，自觉遵守相关法律法规，主动减排。公民也应该承担相应责任，一方面身体力行，自觉减排；另一方面不应过分夸大雾霾对人体健康的伤害，更不能传播各类谣言，主动维护好社会秩序。（记录 2019032223）

我没有专门研究过雾霾天气的主要成因，凭直觉认为化工企业，钢铁、水泥等高污染高排放行业，政府监管部门，都应该对恶劣的空气负主要责任。当然，像成都这样的特大城市，常住居民 2000 多万，老百姓日常的衣食住行也会产生比较多的废气排放。十几年前来成都时，成都的空气一直还不错，冬天也不会感到昏天黑地的，只是阴天比较多而已。但最近几年的确雾霾比较严重。据说一个产值和利税很高的PX化工项目落户成都北边的彭州，对成都空气质量恶化产生了直接影响。我没有做过实地调查，具体情况不知道。但知道这个项目引发了一些居民“集体散步”式的“邻避行为”①。这个项目落户成都彭州，不知道成都市民是该哭还是该笑。无论如何，政府和企业在雾霾治理中承担主要责任是没有问题的。（记录2019032825）

我认为雾霾治理主要是政府的责任，社会组织、公众的确应负一定责任，但绝不是治理的主要责任者。首先，雾霾天气的出现不是偶然的，是长期以来环保不作为或者慢作为积累的结果，从这一点来说政府负有不可推脱的责任。一些地方政府官员如担心影响GDP或为了保住“乌纱帽”，所以对淘汰落后产能不积极；一些地方环保部门甚至为污染企业保驾护航，而落后产能形成的工业污染排放是雾霾环境灾难的主要原因，呼吁民众少开车只是一些地方政府转移民众注意力和缓解民众不满情绪的伎俩。面对新兴产业的冉冉升起，政府最重要的不是补贴那些即将被时代淘汰的落后污染企业，而是给新兴产业以公平竞争的机会，新兴产业会回报以惊喜。其次，雾霾治理中的社会大众和企业的环保意识或者守法经营不可能仅仅依靠内心的觉醒，必须依靠政府的立

---

① “邻避”是指当地居民出于趋利避害的心理，在垃圾焚烧处理厂、化工厂、殡仪馆等对身体健康、环境质量带来诸多负面影响的工程项目上马时，通过采取强烈的有时高度情绪化的集体反对甚至抗争行为表达“不要建在我家后院”的躲避现象。一些地方政府在邻避项目规划上延续传统上由政府全权拍板的决策方式，缺乏符合现代公共治理规范的决策机制和丰富的风险管理经验，引发“邻避”冲突，使得这些项目迈入“宣布上马—民众抗议—紧急叫停”的恶性循环。考虑到成都市较差的空气扩散条件以及沱江上游有限的空气和水环境承载容量，围绕四川彭州石化的选址，民间环保人士曾做过多次“邻避”行动。其中，2008年5月4日，约200位成都市民戴着口罩，在市区进行默不作声的“散步”行动以抵制彭州石化项目，整个游行过程持续约2小时；2013年5月4日，民间部分人士号召在成都天府广场和九眼桥举行“散步”活动，由于警方的维稳行动，抗议活动未能顺利进行。

法规范和教育引导，这也是政府在社会治理方面应有的责任。最后，那么多的违规排放和污染，仅仅依靠下面的群众举报和中央巡视组的责任下压，这本身就是不正常的现象，主要还是得依靠制度化、常态化的环保工作跟进。相关政府部门不能只盯着市民灶台上的“苍蝇”做文章，对烟囱里排放出的五颜六色的污染物“大老虎”却视而不见。在治理雾霾的责任主体上，政府应当首先承担起工业生产的监管责任。（记录2019041027）

四　如何看待雾霾天气是经济社会发展中的阶段性问题？

（一）支持雾霾是经济社会发展中的阶段性问题

这种观点认为，在世界范围内的许多国家，都出现了伴随工业化和城市化的快速发展空气污染问题日益严峻的趋势；雾霾作为空气污染的一种集中表现形式，是工业化和城市化快速发展的孪生品。一方面，我国还是一个发展中国家，制造业目前还是经济的主要组成部分，能源使用效率和污染排放技术都还有很大的提升空间；另一方面，雾霾形成的机制非常复杂，涉及的利益面非常广，历史欠债比较多。基于这两个原因，雾霾天气是我国经济社会发展中的阶段性问题，而且是没有办法超越的一个发展阶段，因此治理雾霾不是一朝一夕就能完成的。伴随工业化发展由以制造业为主阶段到以服务业为主阶段的产业结构转型和升级，更伴随广大公众环保意识的极大提高，持这一观点的人乐观地相信雾霾问题在未来不长一段时间内将迎刃而解。

我觉得一方面，正是随着经济发展，雾霾天气会出现；但是治理雾霾天气不能等靠经济发展中的技术创新，还要与环保意识的积极提升结合起来。雾霾天气的确是经济发展过程中的阶段性问题，当经济发展过程中技术创新到一定程度以及人们的环保意

识提升到一定的水平时，向空气中排放的污染性气体会逐渐减少，雾霾天气出现的次数也会减少。（记录2019073101）

从资本主义国家的发展历史可以得知，以英国为例，马克思在《资本论》中就探讨过二者之间的关系，认为在资本主义发展过程中特别是初期，确实存在着某一阶段的环境问题，其中也包括阶段性的雾霾问题。看过影片《雾都孤儿》就会发现，资本主义国家确实经历过阶段性的环境问题。社会主义国家苏联同样在工业化的过程中发生过阶段性的环境污染问题。现代化的生产方式必然会在某一时期造成人与自然的关系紧张。中国目前也还处于工业化的过程中，也必然会经历一个存在着严重的环境问题的阶段。（记录2019080303）

我觉得雾霾天气是经济社会发展中存在的阶段性问题。一般而言，经济在发展初期或者前期所采取的发展方式是粗放型的，而在那时候人们也只看到眼前的利益，看不到长远的利益。这一阶段更加看重经济发展的数量，而不够重视经济发展的质量和效益，在这种情况下，生态环境往往就会遭到破坏。但是，当经济社会发展到一定阶段时，经济发展的方式就会向集约型转变，而人们的环保教育、环保意识就会跟上，人们在这时就会自觉保护环境。在这种情况下，生态环境就会越来越好。（记录2019080404）

物质基础决定上层建筑，人们的意识是由社会存在决定的。当经济发展水平不高，程度不够时，物质需求都满足不了的情况下，人们的意识肯定也是着眼于解决生存问题，是要为填饱肚子而发愁的，这个阶段决定了人们可能就没有太多的生态环保意识，多少会以牺牲环境为代价换取经济发展。随着人们环保意识的提高，愿意付出积极行动；加之经济发展程度的加深，有了更多的物质基础投入环境治理工作的时候，雾霾天气肯定会改善。其实，也就是说，我们迈入了新的发展阶段的时候，雾霾问题就会得到改观。因此，雾霾天气只是经济发展过程中的一个阶段性问题，而不是始终都存在的问题。(记录2019080706)

就像工业革命前世界上根本就不存在雾霾问题一样，相信数十年或再久一点——数百年以后，随着经济的发展，民众认知的提升，科学技术的进步，雾霾天气也能够消失。中国在不发达的发展阶段，需要经济发展来提升国力、提高人民生活物质水平，人们的思想意识也都在填饱肚子上，哪有精力顾得上环境污染？这是发展不充分阶段会出现的问题。现在进入新阶段，这些问题正在积极转变，目前人们的环保意识很强，可以说进入全民环保时代、科技环保时代，雾霾天气肯定会越来越少。(记录2019081713)

雾霾是经济发展过程中存在的阶段性问题。国外，像美国、英国、日本等西方发达国家也曾经存在过严重的雾霾问题，但后来都治理得不错，也都恢复了优美的环境。这也说明雾霾只是经济发展中的阶段性问题。实际上，雾霾本身也不是从来就有的，在人类社会早期，哪里来的雾霾？雾霾在中国也不是从来就有的，比如在唐朝有雾霾吗？没有。雾霾会一直存在下去吗？我觉得也不会，因为雾霾是可以治理的，是可以随着发展方式的转变而不产生的。雾霾只是阶段性问题，不是始终存在的问题。(记录2019090220)

雾霾天气是经济社会发展中的一个阶段性问题，它既不是从来就有的，也不会永远地存在下去。它是生产力发展到一定阶段的产物。西方国家在快速的工业化阶段，也存在高污染的问题。人类文明依次经历了农业文明、工业文明和信息文明三个阶段，农业文明和信息文明阶段是不存在雾霾天气的，只有在工业文明阶段才存在雾霾天气。当前中国正处于快速的工业化、城镇化阶段，出现雾霾天气是正常的。但我们坚信，随着我国科学技术的发展，随着科学发展理念的深入践行，随着综合国力的增强，随着人们思想觉悟的提高，随着人们生活方式的转变，雾霾天气一定会得到解决。比如2014年北京APEC会议期间，京津冀果断采取道路限行和污染企业停工等措施，“双限”收到了立竿见影的效果，会议期间实现了“APEC蓝”。尽管“APEC蓝”是政府用超常规手段治理出来的，相关省市付出的损失少则几十亿元，多则上百亿元，这种行政手段无法持续化。但这种大规模的“社会实验”效果表明，只要各级政府下定决心，下大力气调整区域产业结构，加大治污力度，美丽的“APEC蓝”一定会成为今后的新常态。紧随其后的2015年“阅兵蓝”再一次表明雾霾是可治理的。(记录2019032223)

我也认为“雾霾天气是经济社会发展中存在的阶段性问题”。目前空气质量最好的国家基本上都是发达国家，但是这种现象并非从来如此，它们基本上都经历了“先污染后治理”的路子。参照国外发展历程，汲取国外好的经验、做法，加大治霾力度，特别是再加上中国共产党的坚强领导和科学领导，我觉得雾霾天气将只是中国现代化进程中的一个暂时性现象。(记录2019041229)

（二）有保留支持雾霾是经济社会发展中的阶段性问题

这种观点认为，首先得理解并承认雾霾天气客观上的阶段性或历史性特征，但阶段性并不意味着无所作为地坐等，阶段性更不能作为有关部门推卸治理责任的借口；相反，各级政府部门都要明晰雾霾治理的阶段性目标和最终目标，明确雾霾治理的具体时间表和路线图，以及与时间表相对应的责任，实行严格的绩效评估。否则，雾霾问题不仅不会自动消失，而且还会演变为“永久性”问题。

历史发展是分阶段进行的。上升到这一哲学高度，我们的发展确实是存在阶段性问题，并且难以逃避这一阶段。我们可以把雾霾现象的产生看作发展中的阵痛，因为它是与社会的发展程度以及人们的认识程度紧密相关的。我们国家目前处于社会主义初级阶段，发展不平衡不充分，发展起来的问题并不比不发展的问题少，雾霾现象就应该算是发展起来的问题。对比欧美发达国家，或者是日本等国家的现代化进程，我们就能更好地理解什么叫“经济发展中存在的阶段性问题”了，也能理解为什么现阶段我们国家会出现雾霾等生态问题。当然这不是为当前存在的雾霾现象找借口，也不是说随着经济发展阶段的跨越或提升，雾霾就会自然而然地消失。我认为，对雾霾的出现，一方面公众需要有耐心和宽容心态，不应动不动就做出过激言行，要理性看待发展阶段中的问题，同时也要积极作为，共同为解决发展中的问题建言献策。毕竟空气是我们大家的，环境是我们的公共消费品，每一个人都是剧中人，也是剧作者。（记录2019080605）

我不认同“雾霾天气是经济社会发展中存在的阶段性问题”这个观点。这一命题在实践中潜在地包含了有害的逻辑，仿佛污染是不可避免的，先污染后治理是必经之路，这就纵容了“污染有理论”。我觉得经济发展过程中，污染和经济发展是一个相伴相生的过程，边污染边治理或许成本反而更低。事实上，我们的发展历程也是遵循了边污染边治理的模式。到现在，我们能够做到经济发展和雾霾治理、环境保护的统筹兼顾。所以雾霾天气并不是一个阶段性问题，而是时时刻刻都存在的问题，只有将经济发

展和环境保护统筹兼顾起来，才可以避免先污染后治理的老路。（记录2019080908）

我理解“雾霾天气是经济社会发展中存在的阶段性问题”这句话，是想说明雾霾是因为过去我国物质基础薄弱，着急发展经济，才造成环境破坏。换句话说，雾霾天气的发生跟不发达阶段的粗放型工业发展过程有关。如果这样理解，我觉得这句话有一定道理。尽管我们不能百分百消除工业发展所带来的影响，但也不能秉持以上观点继续进行粗放型经济发展。认定雾霾天气是经济社会发展必不可少的一环，是必然存在的，这个想法是很可怕的，很可能就产生破罐子破摔效应，反正都要破坏，这是改变不了的，那就使劲破坏吧！这样的话，问题就大了。环境破坏是不可逆的，阶段性产生的问题，需要后面好几代人甚至更长时间去解决，而且也不一定能修复到以前的水平。就像民间俗话说的，破镜难重圆，特别是我们的生态环境，大自然不是我们说破坏就破坏，说修复就能修复的。（记录2019082215）

雾霾天气在一国和一个地区工业化的重化工阶段尤为突出，这与工业排放和人们的生活方式有关。从这个意义上说，雾霾是阶段性问题。但正如毛主席告诫我们的那样，“凡是反动的东西，你不打，他就不倒。这正如地上的灰尘。扫帚不到，灰尘照例不会自己跑掉”。只要产业结构不升级、人们的生活方式不够健康和友好，那么雾霾天气就不会自动退出历史舞台。我们也不能过分迷信于有关环境保护的技术，相关雾霾治理的技术或许能够有效地减少雾霾发生的频次和严重程度，但雾霾治理的根本之道是我们生活方式的改变。（记录2019032021）

“雾霾天气是经济社会发展中存在的阶段性问题”这个表述本身没有问题，如果不是主政官员将这句话作为搪塞雾霾治理败下阵来或无所作为的冠冕堂皇的借口，那就是强大的人类向自然示弱的表现，似乎展现了“君子报仇十年不晚”“撤退是为了将来大踏步前进”的韧性，从而向老百姓传递出乐观和积极的信号，即尽管现阶段雾霾严重，但长久来看，雾霾可防可治。但我思考的是，面临自己居住的城市，谁又愿意成为经济发展“阶段性问题”的代价呢？时代的尘埃落在个人的身上就是压垮个人的一座山。人的身心健康受到雾霾的严重影响，现在还不知道长期的影响到底怎么样，谁能为雾霾导致的生命健康问题负责呢？政府提供的医疗系统能负担吗？（记录2019032825）

据我所知，英国在发展过程中曾遇到过严重的空气污染，有段时间伦敦被称为“雾都”；美国也有类似的污染，比如洛杉矶的“光化学烟雾”。其他先完成工业化的国家也差不过经历了大气极度污染的阶段。但是我认为这个过程并非发展的必经阶段。我国的工业发展起步晚，发达国家所经历的污染和治理经验或教训都可以为我们无限缩短这一阶段（进程）提供帮助。我认为环境污染本质上是各方面平衡和妥协的产物。（记录2019033126）

从我们自身曾经错误的发展理念来看，雾霾天气的确变成了一个必经阶段。但是，其实这并不是必经阶段，应该说这是错误的发展理念导致的经济发展模式中的必经阶段。因为，我们是后发国家，不像西方国家那样走的是没有前人摸索的工业化道路，我们之前有西方国家曾经失败的经历和现在先进的经验，但是，很可惜，我们自身并没有去认真汲取这些经验教训，如果在我们的发展理念中已经认真汲取了，我想并不应该是这个样子的。（记录2019041027）

如果不治理，如果不控制，长期这样下去，绝对不会是阶段性问题，而会成为积重难返的长期问题，治理起来会更加困难。

我们现在很多的污染问题，比如水污染、垃圾污染、温室效应等，都是人类的活动造成的，而这样的问题都是因为人们开始的时候并没有在意，等到危害已经出现才开始关注，开始治理。空气污染也是同样的道理。(记录2019041128)

如果“雾霾天气是经济社会发展中存在的阶段性问题”这句话是某种不采取行动的借口，那么这句话是错误的，也是有害的；如果理解为人类自身会犯错，只要能及时改正错误，并从错误中学习和改进，那么这句话是对的。(记录2019041531)

第八章　雾霾天气下城市居民社会心态的形成机制

机制是各要素之间的结构关系和运行方式。微观社会科学中，机制或中介变量特指受自变量影响并进一步影响因变量的特征，机制通常就“自变量为什么会影响因变量”以及“自变量如何影响因变量”的问题做出回答。雾霾天气下城市居民社会心态的形成受到哪些微观机制的作用？生态共识、媒体互动、差异归因、社会比较等在雾霾天气下城市居民社会心态形成过程中分别扮演着不同的角色。

第一节　生态共识是雾霾社会心态养成的丰厚土壤

社会共识是社会成员对社会事物大体一致或接近的看法，是社会成员认识、判断和共同行动的基础。比如，全党全社会深刻总结新中国成立 30 年后人民生活水平依然很低，与发达资本主义国家之间的差距拉得更大的教训，逐渐达成改革开放共识。正因为改革开放共识的凝聚，党引领人民绘就了“社会主义制度重新焕发出生机和活力，中国全方位融入了世界，全球六分之一的人口整体性脱贫”这样一幅波澜壮阔、气势恢宏的历史画卷。在利益分化、主体多元的新阶段、新理念、新格局下，相比于改革开放之初，围绕发展过程中出现的几乎每一个复杂局面和棘手问题也即解决发展起来后的问题，社会各界都出现了一定程度的分歧和争论。继续凝聚坚定不移地改革开放的共识，既是改革开放自身逻辑的体现，也是解决发展起来后的问题的需要。社会共识作为社会最广泛成员意见的“最大公约数”，被形容为“社会黏合剂”“关系稳定阀”或“发展推进器”，能够最大限度地弥合社会分歧并停歇社会争论，充分激发社会成员的最大合力，推动改革向纵深发展。

在环境保护和空气污染领域，伴随经济社会发展的资源环境瓶颈亟待突破；由环境污染所造成的社会公害事件直接威胁到社会公众的生命健康安全；随着人民群众对美好生态环境的需求日益增长，社会各界围绕保护生态环境、建设生态文明，业已形成广泛的“生态共识”。正是这些生态共识成为广大公众在雾霾天气下社会心态形成的社会心理基础，为城市居民的心理趋同奠定了基本方向。这些生态共识集中体现在以下几个方面。

第一，人与自然是和谐共生的关系。这一共识是中国传统“天人合一”哲学思想以及“人靠科学和创造性天才征服了自然力，自然力也对人进行报复”等马克思主义观点的现代传承，也是对“生态兴则文明兴，生态衰则文明衰”文明定理以及竭泽而渔、杀鸡取卵的粗放型增长方式难以为继的历史教训的深刻总结。第二，绿水青山就是金山银山。在发展过程中，当发展与生态环境抵触和矛盾时，宁可牺牲当下粗放的发展也要保护生态环境，优先解决人类代际公平问题，这就是“宁要绿水青山，不要金山银山”的意义所在；在发展中保护、在保护中发展，既要解决人类代际公平问题也必须关注当代人生存和发展的问题，保护和发展两手都要硬，这就是“既要绿水青山又要金山银山”的意义所在；因地制宜地选择好发展产业，让绿水青山充分发挥经济社会效益，从而实现经济效益、社会效益与生态效益的同步提升，百姓富与生态美的有机统一，这就是“绿水青山就是金山银山”的意义所在。第三，良好的生态环境是最普惠的民生福祉。清洁的空气、干净的水源、放心的食品、宜居的环境是人民群众追求的良好的生态环境，也是关系着人民群众最基本生存权和发展权的民生福祉，具有非竞争性、非排他性、非分割性等典型的公共产品属性。“同属一个地球”“同处一片天”的生态环境的公共产品属性决定了置身其中所有人须荣辱与共并同舟共济，也决定了雾霾天气下“同是雾霾受害者”的身份属性。这就一方面要求保护生态环境人人有责，没有公民能够置身其外；另一方面要求党和政府在更加突出的生态环境保护中为人民群众提供更优质的生态产品，在发展经济的同时为人民群众带来实实在在的环境和生态效益。

第二节　媒体互动是雾霾社会心态形成的技术平台

伴随我国互联网建设的快速发展，微信、微博和各大新闻门户网站客户端等社交媒体的广泛普及，广大网民尤其是“90 后”“00 后”年轻网民（社交媒体的活跃用户和深度用户）借助准入门槛低、即时互动性强、传播速度快的平台，参与管理国家事务和社会事务、参与管理经济文化事业的热情空前高涨，互联网成为继报纸、广播、电视之后反映社会舆情的“第四媒体”。

经由微博、新闻评论、论坛、博客、播客、新闻跟帖及转帖等多样化形式，广大网民针对社会热点和焦点问题（突发公共事件、虚假信息和不良信息）所表达的具有较强影响力和倾向性的信念、态度、意见和情绪的总和即形成网络舆情。相比于传统社会舆情，网络舆情具有民意传播的直接性、舆情发酵的突发性、价值传递的非主流性、利益诉求的多元性等特点。由于传统“把关人”作用的削弱，一些庸俗、灰色、偏激甚至反社会倾向的言论也充斥在互联网中。借助于舆情采集与提取、舆情话题发现与追踪、舆情倾向性分析、多文档自动文摘等技术，可对网络舆情尤其是负面舆情进行实时跟踪、有效预警以及危机应对。作为社会舆情在互联网空间的直接映射和反映，近年来网络舆情对社会生活秩序及社会稳定的影响也越来越受到各级政府的重视以及学界的研究。国务院2016年发文要求，各地区各部门对政府及其部门重大政策措施存在误解误读的、涉及公众切身利益且产生较大影响的、涉及民生领域严重冲击社会道德底线的、涉及突发事件处置和自然灾害应对的、上级政府要求下级政府主动回应的政务舆情等必须进行重点回应①，侧面体现出网络舆情的巨大社会监督作用。

雾霾天气严重且持续期间，广大网民通过网络空间发表并交流关于大气污染的一些看法，在一定范围内形成了关于环境突发事件的网络舆情。正如前述，网络上展现出来的雾霾文学，其共同的特征在于通过反讽、隐喻、夸张、谐音等修辞手段，表达出公众在雾霾严重天气下焦虑、压抑、无助、怀疑、恐惧、愤怒等情绪，折射出广大网民希望各级政府重拳治霾的诉求和期待。广大网民在网络空间或隐藏身份或现身说法，或诙谐风趣或嬉笑怒骂，多元化的交流为公众提供了情绪宣泄的“安全阀”，也为党和政府倾听公众的呼声提供了真实的素材与窗口。可以说，发达社交媒体下的群体沟通为充分共享雾霾的“现实”提供了技术可能。在达成雾霾“现实”的过程中，有关雾霾的源头及其危害最容易成为网络谣言和不实消息传播的重灾区。考虑到谣言和不实信息总是出现在群体尝试弄清楚模糊的、危险的或有潜

---

① 参见《国务院办公厅关于在政务公开工作中进一步做好政务舆情回应的通知》（国办发〔2016〕61号），http：//www.cac.gov.cn/2016－08/12/c_1119383016.htm，2016年8月12日。

在威胁的情境中，用以帮助人们在模糊的情境中建构意义并管理风险，因此谣言的出现总是伴随正式信息的缺位。按照《国家突发环境事件应急预案》[①] 中“信息发布和舆论引导”的要求，信息高速传播下，环境主管部门应借助电视、广播、报纸、互联网等多种途径，主动、及时、准确、客观地向社会发布包括事件原因、污染程度、影响范围、应对措施、需要公众配合采取的措施、公众防范常识等在内的突发环境事件信息和应对工作信息，回应人民群众关切，澄清不实信息乃至谣言，正确引导包括网络舆论在内的社会舆论。

第三节　差异归因是雾霾社会心态促成的影响因素

在社会交往中，人们为了有效适应或控制环境，往往会对发生于周围环境中的各种现象和行为有意识或无意识地做出一定的解释，以寻求现象或行为发生的原因；心理学上一般将行动者、客观刺激物、行动者所处情境或关系，分别对应为内部归因、外部归因和综合归因。不同的归因方式影响到人们以后的行为方式和行为的动机，比如将成功或有利条件归因于行动者的能力、努力程度从而有利于增强自信，又比如将失败或不利条件归因于外部情境因素则有利于行动者缓解压力和规避责任。

随着计算机处理能力的快速提升，科学家们越来越有把握对气候变化在恶劣天气中的实际作用进行归因，比如极端温度（热浪和寒潮）、极端降水、极端干旱等恶劣天气与气候变化之间的联系。科学家关于气候变化归因的相关研究，可以为决策者制定应对气候变化的相关政策和适应方案提供重要的科学依据；也可以回应公众、媒体和决

① 参见《国家突发环境事件应急预案》（国办函〔2014〕119号），https://www.gov.cn/govweb/zhuanti/2006-01/24/content_2615970.htm，2006年1月24日。

策者对世界各地频繁发生的极端事件与气候变化之间联系的认知需求与关切；还可以为各国政府及企业是否应该为由气候变化导致的恶劣天气事件负责，以及恶劣天气造成的财产甚至生命损失应该由哪方承担提供科学证明。

围绕雾霾发生进行气象灾害归因还是人类活动排放归因（即雾霾的产生究竟是因为“天灾”还是因为“人祸”），在很大程度上影响了公众在雾霾天气下心态积极与消极的分野，并引发了政府、企业和公众在雾霾中分别所应承担责任的认识分歧。根据成因与时空分布特征，一般将“霾”分为三类，即由极端气象条件引发的跨地区、时段性的“区域尘霾”；由极端气象条件引发的跨地区、时段性的“区域雾霾”；由不利气象条件和人为污染引发的局地性、时段性的“城市灰霾”。三类霾的发生机理有比较大的区别。其中，尘霾和雾霾可视为一种自然或准自然灾害，是大气自身运动导致的一种气象灾害，即使在没有人类活动的地方也会发生，人类因而对此类天气较难干预；而城市灰霾主要是人为污染造成的，需通过减少污染物排放等改变人类活动的措施予以治理。倘若将雾霾、酸雨、光化学烟雾等大气现象均定义为“气象灾害”，则有将“气象灾害”外延扩大化的嫌疑，可能导致有关地方政府和污染排放企业规避在霾治理中的责任，也会引发广大公众在雾霾治理中的宿命感并放任非环保行为的发生。

包括京津冀、四川盆地等在内的局部重雾霾的化学组分分析以及溯源研究为不同地区的雾霾治理提供了有针对性的差别化方案，排除气候因素，各区域各城市的人类活动显然对雾霾天气的发生产生助推作用。控制人类活动的内容或改变人类活动的方式对于雾霾治理显然大有可为，比如，倘若雾霾中氮氧化物的组分比例过高，就得考虑限制私人汽车在城市交通中的作用。雾霾天气下，公众社会心态中天然地包含了对地方政府和相关官员“要就业不要蓝天”的低信任（对中央政府的信任度远远高于地方政府），包含了对域内相关企业将污染排放成本外部化的不信任，而业已曝光的少数企业滥排、偷排以及个别地方政府在污染治理中的不作为现象为公众的低信任乃至不信任提供了确凿的口实。地方政府在治理雾霾中当仁不让地应该承担起主体责任并避免陷入说什么民众都不信的“塔西佗陷阱”；个体在严重雾霾天气下将相关地方政府官员和个别企业定义为“欠公众一个交代或一个道歉”的他群，从而发挥环境治理监督者作用的同时，也不应忘记“环境保护人人有责”的个体义务。既是大气污染的“受害者”，也可能是“始作俑者”，会唤醒政府、企业、公众等主体改善空气质量的“积极建设者”心态而不是“被动旁观者”心态。

第四节　社会比较是雾霾社会心态达成的助燃剂

社会比较理论认为：当人们对自身的能力或意见产生不确定感，而情境中又缺乏客观的评价标准时，个体会与情境中的相似他人或历史情境进行比较，用以澄清其不确定感。换句话说，社会比较乃是在缺乏客观、非社会性衡量标准的情况下，个体用以判断自己能力与意见的方法或途径。根据比较的时间维度，社会比较可以分为纵向比较与横向比较。纵向比较通过对某些事物在不同历史阶段的比较看出事物发展的阶段和趋势；横向比较通过对同一时段不同事物在同一标准下的比较看出事物发展的联系或差异。根据比较的方向，社会比较可以分为向上比较和向下比较。一般认为，向上比较对个体的幸福感和自尊带来威胁，而向下比较可能增强个体的自尊和幸福感。

从雾霾社会心态中可以同时发现公众纵向比较与横向比较的心理痕迹，社会比较成为雾霾社会心态达成的助燃剂。

在纵向比较层面，随着经济变得足够安全和富裕的公众比例越来越大，公众的生态环境权利意识日益觉醒和高涨，公众衡量空气是否清洁的标准也日益苛刻。也正是这种对美好生态环境的向往成为敦促政府“民有所呼，我必有应”的奋斗目标，成为限制一些企业肆意排放污染的约束性紧箍咒。与过去一段时间相比（通常以年为单位），大气细微颗粒物有没有减少，空气能见度以及蓝天有没有增加，暴露在室外的公众健康有没有受到空气污染的威胁，与空气污染相关的易感人群的发病率有没有减少，等等，公众在纵向比较中判断生态环境获得感和幸福感有没有得到提升，并成为检验地方政府对于大气污染治理成效的重要指标。

在横向比较层面，不同阶层、职业、岗位乃至不同年龄的人群在同样的大气污染条件下做出不同的应激反应。更重要的是，由于不同阶层冲破雾霾这种外部环境制约的能力存在较大的差别，导致应对雾霾的消费行为、居住选择出现较大差异。老年人、儿童和患有呼吸系统疾病和心血管疾病的空气污染易感人群减少了非必要的户外活动，并尽可能采取了一系列空气污染防治措施。那些为了生计不得不长期在室外污染严重的环境下工作的员工，对恶劣天气负面影响的能动性选择往往非常有限，大气污染不仅会影响他们的情绪，也会降低他们的工作效率。大范围的空气污染下，相比于那些能够“逃离”烟雾缭绕环境的周末迁徙者、季节性迁徙者乃至移民他国以规避雾霾的财富和行动自由者，更多不得不与雾霾共存的城市居民的焦虑与抑郁情绪明显上升，此时前者也容易被后者类别化为“逃跑分子”，成为“你污染我埋单”的迁怒对象。

第九章　研究结论及对策建议

第一节　研究结论

“十三五”时期，我国生态环境得到明显改善，人民群众在环境方面的获得感、幸福感、安全感显著增强，全面建成小康社会有了鲜明的绿色底色。但局部地区雾霾污染依然严重，雾霾污染成为影响环境总体质量的重要因素，“十四五”时期生态环境保护依旧任重道远。雾霾天气下公众社会心态是公众有关雾霾的价值观念、知识认知、情绪反应以及雾霾下行动倾向的综合系统。在这一系统中，雾霾认知与有关雾霾的价值观念在动态反馈中相互影响，并共同作用于雾霾下的情绪反应及行动倾向。继续打好雾霾污染防治攻坚战，既是满足人民群众对优美生态环境的需要，也是营造理性平和、积极向上的社会心态与安定和谐社会的需要。

基于对环保重点城市北京和成都两市的问卷调查和深入访谈，以及网络参与观察，本书的结论如下。

第一，雾霾下公众心态既有客观性也有主观性。雾霾下公众社会心态首先受客观天气条件决定。公众对雾霾感受的强烈程度当然取决于雾霾发生的实际严重程度，比如在雾霾发生比较严重的秋冬季，公众对雾霾的感受明显强于雾霾不太严重的春夏季，这是公众雾霾感受的客观天气条件。同时，政府行为、企业行为、媒体行为以及科学家行为是影响公众雾霾下社会心态的外部要素，或者说社会心态是政府、企业、媒体、科学家行为共同作用下的折射。事实上，自 2013 年以来，全国环境空气质量总体改善，环保重点城市空气质量有所好转，主要城市废气中主要污染物排放总量稳中有降，等等，构成公众雾霾下社会心态由消极转为积极的客观基础。雾霾下的公众社会心态也具有很强的主观性。公众对于包括清洁空气在内的美好生活的向往、优美生态环境权利意识的觉醒并日趋高涨、对雾霾成分及其危害性的认知，以及对不利外部刺激的渐趋适应等因素都会影响他们在同等雾霾条件下的情绪反应与行为倾向。

第二，雾霾下时间在公众心态演变中扮演了双重角色。雾霾感受是一个随时间而加强的过程。正如后物质主义价值观所讨论的那样，经济变得足够安全和富裕以后民众才转而关心环境议题；也正如环境库兹列茨曲线中所展示的那样，伴随人均收入提高，人们对环境质量的需求也大大提高。改革开放 40 余年来，我国经济持续快速发展，城乡居民收入也得到快速提升。人民群众对于优美环境的追求与美好生活的向往空前高涨，时间如同“添油加醋”的因素，对于即便同等严重程度的雾霾，公众今天感受的强度要比既往强烈得多。公众对美好生活的追求倘若还没有达到追求清洁空气的阶段，可能大部分人对雾霾公害就会漠不关心或视而不见，并没有将这一问题视为急迫的健康问题，而仅仅把它视为美学问题，大多数城市居民在追求经济发展或财富增长的过程中都能忍受这点暂时的不快。只要大多数公众认为烟雾或轻度的雾霾只是一个无关痛痒的审美问题，雾霾就会持续存在；而只有越来越多的公众相信雾霾对他们的社会及其健康构成了真正的威胁，呼吸清洁空气的权利优先于为追求利润而排放大气废物的权利，从而不断提高对环境的要求时，雾霾才会失去大规模发生的社会容忍空间。

雾霾感受同时也是一个随时间而削弱的过程。受情感适应规律和环境应激规律的支配，随着时间的推移或随着经历同样刺激次数的增多，时间如同“釜底抽薪”的因素，人们所体验的情感反应总是逐渐弱化并趋于原有的基线水平。假定把雾霾当作不利的外部刺激，当公众考虑到这一不利外部刺激难以通过个体努力加以缓解，个体即会调动适应机制来平复内心的负向情绪以缓和外部刺激的冲击。

第三，人口学因素是影响雾霾下公众心态的重要变量。性别、年龄、受教育程度、职业背景、家庭收入、居住地、自陈健康状况等变量构成城市居民雾霾下社会心态的人口学因素。如不同城市、年龄、职业背景、家庭年收入的居民在雾霾下的情绪反应有显著性差异：在焦虑、压抑、恐惧、愤怒、无助、怀疑等6类情绪反应中，北京市居民的均值得分均高于成都市居民；30—39岁人群情绪反应均值最高；企业单位人员表现出更多的焦虑、压抑和怀疑情绪，而进城务工者则表现出更多的恐惧、愤怒和无助情绪；家庭年收入与情绪反应呈正相关关系，家庭年收入越高，情绪反应越强烈。又如不同城市、性别、年龄、文化程度、职业背景、居住地、家庭年收入的居民在雾霾严重天气下采取的防护措施也有显著性差异：北京市居民高于成都市居民均值，女性居民高于男性居民均值，30—49岁居民高于其他年龄段居民均值，高学历居民高于低学历居民均值，职业背景为企业单位的居民高于其他职业背景居民均值，居住在城区的居民高于郊区居民均值，家庭年收入中高居民高于家庭年收入低居民均值。

第四，公众对雾霾风险的认知可以分为个人风险与非个人风险。个人风险包括雾霾诱发呼吸道疾病、雾霾引发心脑血管疾病、雾霾引发各种细菌性疾病、雾霾提高了患肺癌等重症的风险、雾霾使人们心情压抑和烦躁（“即便是充满活力和希望的心灵在雾霾中也会变得低落和困顿”）、雾霾增加了自杀行为发生的风险、雾霾对我和家人的身体健康构成威胁、雾霾对我和家人的心理健康构成威胁、雾霾对我生活/工作/学习带来影响等9项；非个人风险包括雾霾增加了交通事故的风险、雾霾对本市形象造成负面影响（比如让潜在的城市旅游者和投资者心存疑虑而裹步不前）、雾霾造成对政府作为的不信任、雾霾影响了社会稳定等4项。针对部分环保重点城市（北京与成都）的问卷调查发现，诱发呼吸道疾病、提高罹患肺癌等重症风险、导致生活于其中的人们心情压抑和烦躁排在个人风险认知的前三位；破坏了城市形象、增加了交通事故的风险排在非个人风险认知的前两位。

第五，公众对中央政府和地方政府治霾工作的满意度有区别。尽管公众对政府治霾工作的整体满意度呈现高值并有上升趋势，但公众对中央政府治霾工作的满意度高于对地方政府治霾工作的满意度，对中央政府空气质量信息公开化工作的满意度高于对地方政府空气质量信息公开化工作的满意度。雾霾是否得到有力防治，空气污染数据是否得到真实准确的监测以及透明及时的发布，甚至成为诱发局部群体性事件和社会不稳定的根源。个别地方政府和环保部门在环境空气监测数据中弄虚作假，严重侵犯了公众的知情权，严重误导了应对突发性灾害天气的决策措施，也严重伤害了政府的公信力。

第六，雾霾下的社会心态中，焦虑和压抑情绪明显。公众在雾霾这一不利外部刺激下的主观心理体验和感受主要体现为焦虑、压抑、恐惧、愤怒、无助以及怀疑等6类情绪。其中约一半的调查对象表达了雾霾下较为严重的焦虑和压抑情绪。这些社会情绪与在社会上本已广泛存在的仇官或仇富情绪进行叠加与发酵，造成诸多负面效应，恶化了党和人民群众之间的关系，加大了社会不同群体之间的隔阂，毒化了和谐社会的共识氛围，增加了新的社会不稳定因素，从而与理性平和、积极向上的社会心态相去甚远。雾霾天气严重期间也是有关雾霾的“网络段子”异常活跃的时期。这些段子通过诙谐幽默的娱乐化手段宣泄出不特定网民和广大公众在雾霾期间的焦虑乃至愤恨情绪，同时也通过反讽隐喻的文学语言表达了公众对政府治理雾霾工作的诉求和期待，从而在一定程度上具备了“社会减压阀”与社情民意传递的功能。

第七，积极主动与消极被动应对雾霾行为倾向并存。雾霾严重天气下，公众采取了强化个人卫生、减少晨练或其他户外活动、更多选择封闭式代步工具、关注空气质量数据的更新与发布、劝说家人和朋友采取防护措施、外出时带防护物品、在室内开空气净化器、调整饮食结构、在室内开新风系统、计划离开本市、服用与防雾霾相关的各种药品或保健品等 11 项频率从高到低的防护措施。频率高低分别对应了积极主动型与消极被动型两种不同的应对行为倾向。同时，雾霾天气下公众购买抗雾霾产品或服务的意愿也可以间接反映出公众在雾霾天气下的行为准备状态。购买意愿从高到低具体表现为室内吸霾植物、口罩等雾霾防护用品、空气净化器、家庭新风系统、异地旅游服务、抗雾霾的个人护理用品、室内健身器材、抗雾霾的药品和食品、雾霾险、异地购房、罐装新鲜空气等。变量间相关分析表明：应对行为倾向与购买抗雾霾产品或服务的意愿与调查对象的收入强相关，高收入阶层表现出更积极主动的雾霾应对倾向和更强烈的购买意愿。

第八，公众维护自身呼吸清洁空气权益的行为不足。雾霾天气下，公众为维护自身呼吸清洁空气的权益而采取的抗争行为参与频率，同样可以间接反映出公众在雾霾天气下的行为准备状态。针对部分环保重点城市的问卷调查表明，抗争行为参与频率从高到低依次为三类：一是关注型抗争，包括观看/收听/浏览有关雾霾的新闻报道、在社交媒体上点赞/转发有关雾霾的评论、在社交媒体上发表有关雾霾的意见和建议；二是关切型抗争，包括寻求新闻媒体的帮助、参加有关雾霾或环境的志愿者组织；三是抗议型抗争，包括向政府有关部门反映/举报/投诉、参加有关雾霾或环境的维权行动。公众在雾霾天气下的抗争行为表现出关注型抗争有余，关切型抗争不足，抗议型抗争缺乏的特点。这一特点背后的深层次原因在于：将雾霾的发生主要归因于气象或地形等不可抗力因素；对雾霾的危害没有充分的主观认识，或对其可能造成的健康损失忽略不计；家庭收入限制了受访者对环境的关心程度和水平；调动心理适应机制从而将心理境况与外部环境置于恰当的平衡状态。

第九，有关雾霾的价值观念充满了辩证和理性的色彩。在有关雾霾形成原因的价值观念方面，公众一方面承认客观气象和地理条件对雾霾形成有着助推作用，另一方面也意识到人类活动是雾霾肆虐的主要原因。在有关雾霾发生后果的价值观念方面，公众承认就业与蓝天之间的相互矛盾和牵制之处，但同时也意识到只要持续采取有效措施，二者之间的矛盾并未尖锐到不可调和的地步。对于社会各阶层之间的关系是否因为雾霾污染而进一步割裂，公众则表现出模棱两可的态度。在雾霾治理责任的价值观念方面，公众一方面对政府和企业在治理雾霾中承担主要责任有着强烈的期待，另一方面也并不赞成将所有责任都推卸给政府和企业而将个体置身事外的逍遥态度。在雾霾治理预期方面，公众一方面对雾霾的阶段性特征有着明确的认识，从而对雾霾治理前景普遍保持乐观的态度；另一方面也清醒地意识到雾霾发生的阶段性并不意味着雾霾可以在坐等中自动消失，从而对雾霾治理的艰巨性和持久性有着充分的估计。

第十，雾霾下公众社会心态的形成有着复杂的心理机制。雾霾天气持续引发的社会心态，不是个体心理的简单还原，而是具有“突生性”和“外在性”特征，其形成的具体机制包括但不限于生态共识、群体沟通、外部归因以及社会比较等超越于个体的心理活动。其中，“同是雾霾受害者”“雾霾下无人能独善其身”的生态共识为公众的心理趋同提供了基本方向。发达自媒体下的群体沟通为充分共享雾霾的“现实”提供了技术可能（也正因如此，雾霾严重期间的“雾霾文学”才能大行其道）。将个别企业和政府部门定义为“欠公众一个交代或一个道歉”的“雾霾制造者”和“监管缺失者”并标签为“他群”，而将雾霾天气中的受害者或因雾霾治理而丧失工作机会的受损者定义为“我群”，从而实现受害或受损的外部归因。将主动规避雾霾发生地而选择季节性迁徙乃至移民他地的财务自由者类别化为“逃跑分子”，从而完成阶层之间的横向社会比较。

第十一，政府、企业、科学家、媒体、个体均是良性社会心态的建设主体。正如“雪崩时没有一片雪花是无辜的”，政府、企业、科学家、媒体、公众个体各司其职形成的合力才是彻底战胜雾霾污染并树立良好社会心态的有力保障。于政府，确立依法治理空气污染的战略，制定防治雾霾的财政、税收、金融、产业、公共服务、人才、技术等系列政策，及时准确披露有关空气质量的权威信息，坚持不懈采取措施调整能源结构并推广清洁能源的生产与使用等至关重要；于企业，钢铁、建材、有色金属、石油、化工、制药、矿产开采等空气污染排放比较大的企业，其企业家社会责任伦理的树立箭在弦上；于科学工作者，准确解析不同地方雾霾的化学组分及来源、准确全面认识不同区域雾霾污染的形成和演变规律，从而为国家大气污染提供坚实科技支撑等是分内之责；于媒体从业者，及时准确传导党和各级政府铁腕治霾的各种措施，安抚并消除雾霾下公众焦虑乃至恐慌的社会情绪等为应有之意；公众个体绿色低碳环保生活方式的践行及自我心态的调适等应持之以恒。

第十二，借鉴发达国家空气污染治理经验，满足人民群众对优美生态环境的需要。历史上，英国、美国、日本等西方发达国家在快速城市化发展阶段均出现过严重的大气污染事件。借鉴发达国家空气污染治理中的成功经验，如建立完备有效的空气污染法律与政策体系；充分发挥科学技术在空气污染治理中不可替代的作用；持续控制能源消费总量，调整能源消费结构，实现产业结构升级；动员全社会共同参与，形成污染治理的合力等。同时也要认识到我国大气污染属于发达国家没有经历过的燃煤—机动车—工业排放多类型污染、高负荷共存的重度复合大气污染类型，不宜直接借鉴国际经验。既要顺应人民群众日益增长的优美生态环境需要，在推动经济发展过程中不能以牺牲生态和环境为代价；也要照应一些地方和企业节能减排技术不足、升级改造成本巨大、就业压力不小等暂时困难，在环保治理中不能搞“一刀切”，以免破坏经济安全运行的底线。

第二节 雾霾治理与心态调适对策建议

党的二十大报告要求“深入推进环境污染防治，持续深入打好蓝天、碧水、净土保卫战，基本消除重污染天气”。解决群众关心的包括雾霾污染在内的环境突出问题，需要构建“政府为主导、企业为主体、社会组织和公众共同参与的环境治理体系”。这就意味着，污染防治攻坚战，是一场需要政府、企业、社会组织、公众等共同参与、各尽其责、共同发力的全民战役。其中，政府积极发挥主导作用，企业主动履行环境治理主体责任，社会组织承担环境治理重要合作伙伴功能，公众自觉践行绿色生活方式。同时，如前所述，政府、企业、科学家、媒体、个体均是构建良性社会心态的主体。如果把通过大气环境治理促进理性平和、积极向上的社会心态建设比喻成一条奔腾不息的大河，那么政府、企业、媒体、个体则在其中分别扮演了“中流砥柱”“釜底抽薪”“锦上添花”“涓涓细流”的角色。

一　政府：社会心态建设中的“中流砥柱”角色

（一）持续调整能源结构转型

包括煤炭在内的化石能源的生产与消费是大气污染物的主要来源。《中华人民共和国环境保护法》第四十条规定：“国务院有关部门和地方各级人民政府应当采取措施，推广清洁能源的生产和使用。”《中华人民共和国大气污染防治法》第四章着重提及了包括煤炭和其他能源、工业污染、机动车船、扬尘等在内的大气污染防治措施，其中涉及煤炭的表述就有29处之多。比如第三十二条规定：“国务院有关部门和地方各级人民政府应当采取措施，调整能源结构，推广清洁能源的生产和使用；优化煤炭使用方式，推广煤炭清洁高效利用，逐步降低煤炭在一次能源消费中的比重，减少煤炭生产、使用、转化过程中的大气污染物排放。”作为积极应对全球气候变化的国家战略的重要组成部分，早在2011年中国即开始大力开发利用非化石能源并积极推进能源绿色低碳转型。数据显示：中国非化石能源占能源消费总量的比重由2005年的7.4%大幅提高到2020年的15.9%；非化石能源发电量占全社会用电量的比重达到三分之一以上；煤炭占能源消费总量比重由2005年的72.4%下降至2020年的56.8%；中国北方地区冬季清洁取暖率已提升到60%以上。① 中国调整能源结构转型的国家战略一方面有力地支撑了大气污染防治，另一方面也是履行应对全球气候变化义务的国际承诺并最终实现2030年碳达峰、2060年碳中和的坚决行动。与此同时，煤炭在中国能源体系中的主体地位短期内不会改变，

---

① 中华人民共和国国务院新闻办公室：《中国应对气候变化的政策与行动》白皮书（2021年10月），https://www.gov.cn/zhengce/2021－10/27/content_5646697.htm，2021年10月27日。

要在以煤炭为主的能源结构前提下实现绿色低碳转型。考虑到中国能源对外依存度高、能源转型中的生产成本巨大、对外贸易呈现碳逆差等客观因素，中国对外为应对气候变化，推动能源结构转型，需在符合自己能源安全和实际能力基础上量力而行；对内为实现减碳目标要避免忽视经济生产和产业转型客观规律而采取超出当前发展阶段的激进式、运动式、一刀切式能源转型。①

（二）健全环保立法执法机制

运用法治思维和法治方式开展包括大气污染在内的环境治理是国际通行惯例。近年来，我国环境立法快速发展，业已制定或修订《环境保护法》《大气污染防治法》《水污染防治法》《环境噪声污染防治法》《放射性污染防治法》《环境影响评价法》《清洁生产促进法》等法律以及若干环境保护行政法规、部门规章、强制性环境标准。我国业已基本形成的生态环境法律法规框架体系，对于完善监管制度、健全政府责任、提高违法成本、推动公众参与有了重大突破，从而为用最严格的制度保护生态环境提供了立法保障。比如 2015 年 8 月重新修订的《中华人民共和国大气污染防治法》，以改善大气环境质量为目标，为推动大气污染源综合防治、区域联合防治奠定了坚实的法律基础。但生态环境领域内立法尚存在明显不足，主要体现为按环境要素分别立法的模式致使法律规定重复严重，给执法和守法带来一定困扰

---

① 2021 年 11 月在英国召开的全球气候变化大会最终签订的《格拉斯哥气候协议》中，吸取了以印度、中国为代表的发展中国家的意见，即将此前草案中有关“逐步淘汰无节制的煤炭发电和低效的化石燃料补贴”条文中的“逐步淘汰”（Phase Out）改为“逐步减少”（Phase Down）。协议有关燃煤使用措辞的修改表明，发展中国家在能源转型上面临着资金和技术方面的巨大差距。中国一方面坚定绿色低碳转型发展以确保实现碳达峰、碳中和目标，另一方面也坚持“共同而有区别的责任”（Common but Differentiated Responsibilities）原则。发达国家一方面要为累积排放量导致全球气候变化承担历史责任，另一方面在应对气候变化上也有对发展中国家进行资金和技术援助的义务。

的法律适用冲突较多，应对气候变化等领域立法尚存空白，约束政府行为的法律制度不够完善，环保社会监督法律机制不够健全等问题。[①] 因此，积极推进生态环境立法领域法典编纂工作以避免立法放水、抵触或滞后是环境治理的重要工作。

生态环境方面的法律法规真正对环境保护发挥保驾护航作用还依赖于执法。全国人大常委会运用执法检查的法治方式加强生态环境保护工作，2016 年开始启动的中央环保督察组赴全国各地进行“四个重点”[②] 内容的督查，国务院生态环境主管部门、县级以上地方人民政府环境保护主管部门分别对全国和本行政区域环境保护工作实施统一监督管理。各司其职的环保执法检查一方面让生态环境法律法规真正深入人心；另一方面也对污染制造者构成经常性的法律震慑，让法律的“铁牙”充分咬合。

（三）推动污染防治科学研究

借助科技攻关打赢蓝天保卫战是国际上大气污染治理的惯例。《中华人民共和国大气污染防治法》第六条明确规定：“国家鼓励和支持大气污染防治科学技术研究，开展对大气污染来源及其变化趋势的分析，推广先进适用的大气污染防治技术和装备，促进科技成果转化，发挥科学技术在大气污染防治中的支撑作用。”2017 年，针对京津冀及周边地区（即“2 +26”市）秋冬季大气重污染的成因、重点行业和污染物排放管控技术、居民健康防护等难题，国务院常务会议确定设立“大气重污染成因与治理攻关”项目，推动京津冀及周边地区空气质量

---

① 《中国生态环境法律法规框架体系已基本形成》，http：//www. cfej. net/news/rdzz/202011/t20201109_ 806945. shtml，2020 年 11 月 9 日。

② 中央环保督察组督查的“四个重点”，即重点盯住中央高度关注、群众反映强烈、社会影响恶劣的突出环境问题及其处理情况；重点检查环境质量呈现恶化趋势的区域流域及整治情况；重点督察地方党委和政府及有关部门环保不作为、乱作为的情况；重点了解地方落实环境保护党政同责和一岗双责、严格责任追究等情况。

持续改善以减轻民众呼吸之忧。经过 3 年努力，该项目取得了一大批重要的研究成果：弄清了包括污染物排放、化学转化、气象条件、污染传输四个方面在内的区域大气重污染成因和来源；通过观测网和数据共享平台形成了精细化、定量化的区域 PM2.5 综合源解析能力；形成了重点行业和城市关键问题识别与精准治理的技术体系，建立了重污染天气应对技术体系和应急管控技术方案，开发了大气污染防治科学决策的技术支持平台，定量评估了大气颗粒物污染的健康影响和污染防治措施的健康效益。[①] 污染防治的系统科学研究极大地提高了污染治理的科学性和精准性。针对大气污染治理过程中细颗粒物和臭氧此消彼长的尴尬局面[②]，自 2016 年开始，成都市依托北京大学等国内顶尖的大气化学研究团队，对成都市的臭氧污染演变规律、形成机制、本地化臭氧防治控制策略等进行了系统研究，并基于研究成果，有针对性地推动挥发性有机物和氮氧化物的科学减排调控，成为全国率先开展细颗粒物和臭氧协同控制并取得成效的城市。科学、协同调控并实现双降的成都市经验为京津冀、珠三角等城市面临的臭氧污染问题提供了借鉴。[③]

业已进行的大气污染防治研究为准确预报雾霾天气、科普雾霾知识、解释雾霾成因、引导民众对于雾霾的认知与防范等发挥了重要的作用，而只有科技进步，才能解决使用技术过程中层出不穷的环境问题。

---

① 《大气重污染成因与治理攻关项目主要取得六方面成果》，http：//www.gov.cn/xinwen/2020－09/11/content_5542598.htm，2020 年 9 月 11 日。

② 国内外城市大气污染防治经验表明，PM2.5 浓度下降将伴随辐射条件改善，有利于光化学反应进行，富裕的羟基自由基（活性氧）将生成更多臭氧。

③ 缪梦羽：《中国工程院院士点赞成都治气科学、协同治理 PM2.5 和臭氧双下降》，《成都日报》2019 年 1 月 8 日第 4 版。

（四）完善环境信息公开制度

包括环境质量信息以及政府和企业环境行为在内的信息公开是有效实现公众环境知情权、监督权以及满足相关投资人投资评估需求的重要方式之一。《中华人民共和国环境保护法》中第五章“信息公开和公众参与”专门论及信息公开制度。其中，第五十三条明确规定，“各级人民政府环境保护主管部门和其他负有环境保护监督管理职责的部门，应当依法公开环境信息、完善公众参与程序，为公民、法人和其他组织参与和监督环境保护提供便利”；第五十四条明确要求，“国务院环境保护主管部门统一发布国家环境质量、重点污染源监测信息及其他重大环境信息”；第六十二条还要求，“重点排污单位不公开或者不如实公开环境信息的，由县级以上地方人民政府环境保护主管部门责令公开，处以罚款，并予以公告”。《中华人民共和国大气污染防治法》秉承《环保法》强化信息公开和公众参与的立法思路，有关信息公开的表述有 11 处之多。比如，第二十四条明确规定，“重点排污单位应当安装、使用大气污染物排放自动监测设备，与生态环境主管部门的监控设备联网，保证监测设备正常运行并依法公开排放信息”；第九十七条明确要求，“生态环境主管部门应当及时对突发环境事件产生的大气污染物进行监测，并向社会公布监测信息”。生态环境部也先后印发《国家重点监控企业自行监测及信息公开办法》《重点排污单位名录管理规定》《企业事业单位环境信息公开办法》等系列文件、规章和规范，以促进中国企业环境信息公开工作。涉及公众切身利益的环境信息公开是公众信任政府乃至成为推动环保工作的参与者与建设者而不是对立者和抱怨者的重要前提。信息高速传播的当下，环境主管部门主动、及时、正确地发布有关突发环境事件中的大气污染物监测信息，是赢得舆论主动权而避免陷入

"塔西佗陷阱"① 的重要条件。事实反复证明，越是信息不透明的地方，就越是谣言和不实信息泛滥的地方。近年来，政府特别是中央政府的相关环境质量监测数据真实性大幅提升，公众主观感受与客观环境数据基本保持一致；企业尤其是重点排污单位的环境信息公开工作也取得了一些进展。与此同时，个别地方环境主管部门纵容或授意环境监测数据弄虚作假②；排污单位特别是重点排污单位自动监控数据质量不尽如人意。因此，落实重点排污企业的主体责任以及生态环境部门的监管责任，推动环境信息公开制度的进一步完善，是包括雾霾污染防治在内的环境治理工作更加健康发展的重要保障。

（五）发挥环保社会组织作用

以推进人与环境的和谐发展为宗旨的各类环保社会组织，通过与各级环保部门合作或自发在社会上开展了大量以保护环境、维护公众环境权益为目标的环保活动。作为推动环保事业发展的重要力量，环保社会组织在"提升公众的环保意识""促进公众的环保参与""开展环境维权与法律援助""参与环保政策的制定与实施""监督企业的环境行为"③ 等方面发挥了不可替代的作用，业已成为连接政府、企业与

---

① "塔西佗陷阱"本指政府部门失去公信力时，无论是说真话还是说假话，做好事还是做坏事，都会被认为是说假话、做坏事。一些排污企业为达到少交甚至免交环境污染税费的目而造假，一些环保部门为显示治污政绩而主动造假，一些地方政府为应对环保考核或维护地方形象指使环保部门造假。在事关民生问题的环境领域内，无论出于何种目的的环境监测数据造假，都会导致公众负面情绪的累积，进一步削弱一些地方政府的公信力。

② 如2017年7月10日、2018年8月28日，生态环境部分别通报西安市、临汾市环境空气自动监测数据造假案有关情况，涉案监测机构相关人员受到刑事处罚，指出环境监测数据弄虚作假严重影响了环境决策，严重侵害了公众知情权，严重伤害了政府公信力。

③ 环境保护部在《关于培育引导环保社会组织有序发展的指导意见》（环发〔2010〕141号）中高度肯定了环保社会组织的积极作用。比如中国环保NGO组织"中华环保联合会"在"开展环境维权""环境普法下基层""推进环境法制建设"等方面成效显著；又如民间环保机构自然之友、公众环境研究中心和自然大学为《北京市大气污染防治条例（草案送审稿）》提供修改意见。

公众的桥梁与纽带。环境保护社会组织参与环境治理在发达国家已经有比较成熟的经验和大量的成功案例，对于我国环境治理中的政府职能转变也有积极意义。环保社会组织的重要作用已经明确写进相关法律和规章中，如《中华人民共和国环境保护法》明确规定，“鼓励基层群众性自治组织、社会组织、环境保护志愿者开展环境保护法律法规和环境保护知识的宣传，营造保护环境的良好风气”（第九条），“对污染环境、破坏生态，损害社会公共利益的行为，符合条件的社会组织可以向人民法院提起诉讼”（第五十八条）①；《环境保护公众参与办法》明确要求：“环境保护主管部门可以通过征求意见……等方式征求公民、法人和其他组织对环境保护相关事项或者活动的意见和建议”（第四条），“环境保护主管部门支持和鼓励公民、法人和其他组织对环境保护公共事务进行舆论监督和社会监督”（第十条），“环境保护主管部门可以通过提供法律咨询……等方式，支持符合法定条件的环保社会组织依法提起环境公益诉讼”（第十六条）。我国环境保护组织尽管处于发展活跃期，但由于环保组织自身在解决环境社会问题的技术能力上还有瓶颈、各级政府部门在购买环保社会组织服务的机制上还不健全、各类环保社会组织之间的联动合作还很有限等原因，环保社会组织的整体影响力还有待提升。为充分发挥社会组织在生态环境保护领域的作用，一方面环保社会组织要加强自身能力建设；另一方面要完善政府环保部门与环保社会组织的对话合作机制，加大政府向环保社会组织所提供服务的采购与奖励力度。

---

① 我国目前环境公益诉讼提起的主体包括检察院、环境行政机关、环境团体，但不包含个人。有学者建议为最大限度地发挥公民对于企业环境违法行为的监督，以及对于政府消极环境行政执法行为的监督，可以借鉴美国《清洁空气法》中的“公民诉讼条款”，扩大提起环境公益诉讼主体范围。该条款赋予一切公民对违反法定或主管机关核定的污染防治义务的违法者提起民事诉讼的权利，而不要求与诉讼标的有直接利害关系。该措施被誉为《清洁空气法》中最为严厉的执行措施。

二 企业：社会心态建设中的“釜底抽薪”角色

（一）企业是大气污染治理的责任主体

企业作为市场经济主体，是环境保护的重要参与者，有着环境保护的当然义务。在打好污染防治攻坚战和解决好突出环境问题的过程中，企业承担着环境治理的主体责任。《中华人民共和国环境保护法》从法律层面画出了企业生存发展的底线，比如“企业事业单位和其他生产经营者应当防止、减少环境污染和生态破坏，对所造成的损害依法承担责任”（第六条）；“企业应当优先使用清洁能源，采用资源利用率高、污染物排放量少的工艺、设备以及废弃物综合利用技术和污染物无害化处理技术，减少污染物的产生”（第四十条）；“排放污染物的企业事业单位和其他生产经营者，应当采取措施，防治在生产建设或者其他活动中产生的废气、废水、废渣……等对环境的污染和危害”（第四十二条）；“排放污染物的企业事业单位和其他生产经营者，应当按照国家有关规定缴纳排污费”（第四十三条）；“企业事业单位在执行国家和地方污染物排放标准的同时，应当遵守分解落实到本单位的重点污染物排放总量控制指标”（第四十四条）；“企业事业单位应当按照国家有关规定制定突发环境事件应急预案，报环境保护主管部门和有关部门备案”（第四十七条）；等等。国务院 2013 年印发的《大气污染防治行动计划》对企业的主体责任也提出明确要求，比如“强化科技研发和推广”“全面推行清洁生产”“大力发展循环经济”“大力培育节能环保产业”，等等。国务院 2018 年印发的《打赢蓝天保卫战三年行动计划》明确要求，“强化企业治污主体责任，中央企业要起到模范带头作用，引导绿色生产”。

（二）企业有履行环境保护的社会责任

企业环境社会责任通常是指企业为了社会公众利益而作为一个

“企业市民”自主承担的环境保护责任，既包括企业承担的环境法律上的强制责任，也包括企业承担的各种诱导性、辅助性制度和措施中的非强制责任。[①] 企业履行环境保护的社会责任本质上是现代社会企业只有在增进环境公益的基础上才能实现投资者利益的最大化。企业承担环境社会责任是维护国家环境安全、保障全体公民和全社会环境权益的需要，企业承担环境保护义务是企业作为“经济人”的理性行为特征的体现（企业环境违法成本远远高于守法成本），企业承担的绿色产品责任（即不仅要求企业实现生产过程中有害物质的低排放乃至零排放，而且要求企业为进一步降低原材料耗费对产品生产及其工序设计予以彻底变革）是企业参与国际竞争、规避国际绿色贸易壁垒的要求。这就要求企业首先遵守环保的法律法规，企业赚钱、群众受害、社会埋单的见利忘义行为不仅会受到道德的谴责，还会受到法律的严惩；这就要求企业不仅要加强内部管理、增加资金投入、采用先进的生产工艺和治理技术以实现达标排放甚至零排放，而且要采用清洁技术生产出更多更好的绿色产品，以满足当前国际社会业已形成的共识要求和国际条约、规范的明确规定；这就要求企业建设和营造内部环境文化，树立人与自然协调发展的环境道德观，形成履行环保社会责任的内在动力；这就要求企业加强与公众的交流，主动接受社会组织与公众的社会监督（比如捐赠支持环保社会组织开展的公益项目），在环保方面树立企业的良好社会形象。

三　媒体：社会心态建设中的“锦上添花”角色

（一）充分发挥媒体在环境保护中的议题设置功能

媒体往往不能决定受众对某一事件或意见的具体看法，但可以通

---

① 《中华人民共和国环境保护法》第二十二条规定：“企业事业单位和其他生产经营者，在污染物排放符合法定要求的基础上，进一步减少污染物排放的，人民政府应当依法采取财政、税收、价格、政府采购等方面的政策和措施予以鼓励和支持。”这一规定即为诱导性制度。

过选择性报道某些少数议题（认知模式）、突出强调这些少数议题（显著性模式）、对一系列议题按照先后顺序给予不同程度的报道（优先顺序模式）等三种机制实现议题设置功能。媒体在较长时间内对某一议题进行大量重复性报道活动，通过创造积累性信息环境，有效地左右受众关注哪些事实和意见以及谈论这些事实和意见的先后顺序，从而极大地塑造公众的态度与意见。媒体保持对生态与环境突发事件前的持续监视并建立持续性环境新闻报道机制，对于培育公众的生态文明理念、倡导环境伦理、约束各主体的环境行为、推动相关环保政策的制定与执行发挥着不可替代的启迪者和培育者作用。雾霾污染主要因城市化和工业化而产生并累积，在中国其彻底治理需要一个长期的过程。媒体特别是主流媒体应该避免只是在雾霾高发的年份或月份进行相关报道，而在雾霾较少的年份或月份就忽略它的短期化倾向。这种焦点短期驻留并快速转入下一议题的集中报道模式不利于综合性新闻媒体开辟出具有社会品牌效应的绿色报道版面，也不利于公众达成对雾霾的正确认知和长期关注甚至形成“雾霾可以毕其功于一役”的错误认识。对于雾霾污染或其他环保议题，媒体在议题设置时既要对环境突发事件进行高频率短期报道，也要对日常环保议题进行经常性报道；既要有更高一级政府出面协调解决环境事件的行为报道，也要有参与环境事件的个体行为的报道；既要有触目惊心的负面环境问题的揭露报道，也要有赏心悦目的环境业绩的正面榜样报道。

（二）充分发挥媒体在环境保护中的宣传引导功能

作为传播信息的载体，媒体具有信息传递、宣传教育、舆论监督、社会协调、文化传承等功能，在关乎人们切身利益的重要事件上，媒体的报道会在很大程度上影响受众（用户）的认知和行为倾向。《中华人民共和国环境保护法》第九条明确规定：“新闻媒体应当开展环境保护法律法规和环境保护知识的宣传。”国务院2018年印发的《打赢蓝天保卫战三年行动计划》明确要求："新闻媒体要充分发挥监督引导作用，积极宣传大气环境管理法律法规、政策文件、工作动态和经验做法等。"环境保护宣传报道包括但不限于着力宣传领导人以及各级党和政府保护生态环境的坚定决心、政策举措和进展成效，从而为环保事业发展提供强有力的舆论支持；着力宣传包括环境保护法、大气污染防治法、水污染防治法、土壤污染防治法、固体废物污染环境防治法等在内的法律法规以及部门规章的修订与实施，从而营造出用最严格的制度、最严密的法治保护生态环境的社会氛围；着力宣传环保科学知识、生态环境文化、国外环境治理经验与做法、环境保护重大政策，从而营造出人人、事事、时时崇奉生态文明的社会风气。在新兴媒体蓬勃发展从而根本上改变信息传播方式以及人与人互动方式的形势下，同时考虑到涉及面广泛的环境领域事件极易成为社会关注的焦点甚至成为诱发社会不稳定因素的情况下（如重污染天气下民众负面情绪极易传导并引发社会恐惧心理的蔓延），环境新闻报道面临着舆情引导和应对突发事件的极大挑战。实践表明：包括党报党刊、通讯社、电台、电视台等在内的主流媒体，通过提高环境新闻的专业度与针对性以及不断创新现代传播形式，在满足受众的信息需求（极端天气下对信息的需求更强烈）、传达党和政府的声音、传递人民群众的意愿和诉求、引领舆论走向等方面发挥了举足轻重的作用。

（三）充分发挥媒体在环境保护中的舆论监督功能

社会舆论监督就是广大公众通过大众传播媒介对社会运行过程中的各种现象表达信念、意见和态度，基于公众趋于一致的共识形成舆论压力，从而揭示现实中存在的问题，对其予以批评并推动其解决的一种活动。以公众参与为基础的新闻媒体监督使得地位平等的参与者的不同意见和建议得以充分表达和交融，从而赋予新闻舆论监督更大的广泛性；接受专业知识和技能训练的新闻从业者通过敏锐的观察和全面的思考，从而赋予新闻舆论监督更强的专业性；新闻从业者通过新闻报道或议题的经常性设置将分散个别的议论汇聚成社会舆论对社会丑恶现象予以揭露或抑制，从而赋予新闻舆论监督强大的威慑力。相比于其他监督形式，新闻舆论监督还具有传播覆盖面大、传播速度快、影响范围广、可信度较高、社会反响强烈等特点。《中华人民共和国环境保护法》第九条明确规定："新闻媒体应当对环境违法行为进行舆论监督。"现实中，市场主体或社会团体因追逐利益（比如非法排污导致的环境成本外部化）或决策失误造成事实上的环境违法行为，政府相关部门或公众未及时发现或默许状态下，新闻媒体通过持续跟踪报道，将该主体的环境违法行为公之于众，从而成为无法掩盖的公众广泛关注的社会热点问题，在社会舆论压力下，倒逼政府采取相关措施制止环境违法行为。在这一过程中，新闻媒体通过曝光相关环境违法行为，推动和引导社会舆论的形成，对环境违法行为施加强大压力并督促政府对环境违法行为予以惩戒，从而代表公众行使了环境监督权。在新闻舆论监督过程中，既要避免盈利机制（如媒体与公关产业合作实现既有不利舆论反转甚至控制舆论从而谋取公关费）对舆论监督带来的伤害，也要切实保障媒体对环境问题的采访权、报道权和知情权。

四　个体：社会心态建设中的"涓涓细流"角色

（一）树立生态文明理念

包括雾霾治理在内的生态文明建设，生态文明理念要先行。党的十八大报告指出："面对资源约束趋紧、环境污染严重、生态系统退化的严峻形势，必须树立尊重自然、顺应自然、保护自然的生态文明理念。"这一概括深刻反映了人与自然三重维度关系的丰富内涵。其中，自然作为人类赖以生存发展的基本条件，尊重自然是人与自然相处时应秉持的首要态度。这就要求人类个体以敬畏之心而不是轻视、藐视甚至占有、征服和凌驾的姿态面对自然，要求人类个体视自身为自然界的一部分而不是全部，要求人类个体尊重自然界的一切物种和生命。自然界有着不以人的意志为转移的自身运动、变化和发展的内在规律，顺应自然是人与自然相处时应遵循的基本原则。这就要求人类个体认识、顺应而不是盲目、违背自然界的客观规律去办事。自然供给人类发展所需，保护自然是人与自然相处时理应承担的重要责任。这就要求人类个体在索取生存发展之需时发挥主观能动性，积极保护自然界的生态系统。为使生态文明理念深入人心并成为14亿中国人的共同价值理念和自觉行动，强化以下意识势在必行：经济发展与环境资源约束日益突出的国情意识，经济效益、社会效益、生态效益相统一和并举的效益意识，既看经济指标又看社会指标、人文指标和环境指标的政绩意识，保护生态环境就是保护生产力、改善生态环境就是发展生产力的环保意识，环境治理人人有责的责任意识。

（二）践行绿色低碳生活方式

绿色低碳生活方式即公民个体在充分享受绿色发展所带来的便利和舒适生活的同时，尽力减少所耗用的能量，从而减少含碳燃料的燃烧尤其是二氧化碳的排放，最终减少对大气的污染，延缓生态的恶化。《中华人民共和国环境保护法》第六条明确规定："公民应当增强环境保护意识，采取低碳、节俭的生活方式，自觉履行环境保护义务。"《大气污染防治行动计划》明确要求："倡导文明、节约、绿色的消费方式和生活习惯，引导公众从自身做起、从点滴做起、从身边的小事做起，在全社会树立起'同呼吸、共奋斗'的行为准则，共同改善空气质量。"《中共中央、国务院关于深入打好污染防治攻坚战的意见》明确要求，"加快形成绿色低碳生活方式"。绿色低碳生活方式是公民个体响应建设资源节约、环境友好型社会的必然选择，是公民个体回应碳达峰、碳中和目标的必由之路，是公民个体实现生态文明理念到生态文明行动的当然要求，是公民个体对于经济社会可持续发展的应尽责任。

绿色低碳生活方式的核心是公民个体抵制、摒弃乃至戒除现代消费生活中以高耗能为代价的“便利消费”嗜好，优化和约束以高耗能为主要特征的消费活动。绿色低碳生活方式体现在公民个体吃穿住用行等日常生活的方方面面，包括但不限于珍惜粮食以减少食物浪费、循环利用废旧衣物、用节能环保材料装修居室、尽量选择公共交通工具或步行的方式①、减少一次性餐具和用具的使用并支持可循环使用的产品、拒绝过度包装、不追求奢侈性消费和过度时尚、尽量将垃圾分类、尽量购买本地产品以减少非必要运输过程中的碳排放、尽量减少非必要水电气纸张等资源和能源的使用。比如个体不愿意把家庭供暖和雾霾直接联系起来，也不愿意承认因供暖而造成的环境损害。公民个体及其家庭当然有要求冬季供暖的权利，但不能一边把自家的暖气温度开到最高，一边骂政府不作为。绿色低碳生活方式的培养应经历社会外在约束到个体道德自律并最终形成公民自觉行为习惯的过程。在自觉的绿色低碳生活习惯形成之前，公民个体要杜绝“善小而不为，恶小而为之”的行动准则，从而成为生态文明建设的监督者、实践者和受益者。只有成千上万的公民将呼吸清洁空气的权利置于为追求廉价利润而任意处理大气废物的权利之上（而不应将自身呼吸清洁空气的权利置于他人呼吸清洁空气的权利之上），且为寻求清洁空气而参与全社会的环境保护主义行动，雾霾污染才不会持续存在。

① 根据《成都市重污染天气应急预案（试行）》，在重污染天气橙色预警期间，交通运输行业应落实系列应急处置措施。比如通过优化调整增加公交、地铁公共交通工具的营运频次，以满足市民绿色低碳出行需求；实行公共交通优惠政策（持天府通卡公交免费、地铁八折优惠），以鼓励公众减少家用汽车上路行驶。

附录1：雾霾天气下社会心态的调查问卷

亲爱的朋友：

您好！本问卷用于对中国各城市雾霾的研究，了解市民对雾霾污染的认识与看法，探索雾霾防治的有效对策，请您根据个人情况填写问卷（在符合自身情况的选项下打“√”）。我们对您填写的内容完全保密，仅使用最后的整体统计结果，感谢您的支持和参与！

“雾霾天气持续下城市居民的社会心态及其引导研究”课题组

2018 年 12 月

1. 对于下列有关雾霾的知识，您熟悉程度如何？（**请在合适的方框内打上“√”**）

雾霾知识	非常陌生	比较陌生	比较熟悉	非常熟悉
雾霾构成的主要成分				
雾霾的生成来源				
雾霾对人体健康的影响				
雾霾的预防措施及效果				
雾霾检测的方法				

2. 对于下列说法，您在多大程度上同意？**（请在合适的方框内打上“√”）**

雾霾危害	很不同意	不太同意	不好说	比较同意	非常同意
雾霾诱发呼吸道疾病					
雾霾引发心脑血管疾病					
雾霾引发各种细菌性疾病					
雾霾提高了患肺癌等重症的风险					
雾霾使人们心情压抑和烦躁					
雾霾增加自杀行为的风险					
雾霾增加交通事故的风险					
雾霾对本市形象造成负面影响					
雾霾造成对政府作为的不信任					
雾霾影响社会稳定					
本市雾霾污染依然严重					
雾霾对我和家人的身体健康构成威胁					
雾霾对我和家人的心理健康构成威胁					
雾霾对我的生活/工作/学习带来影响					

3. 下列各种因素，多大程度上影响您对雾霾风险大小的判断？**（请在合适的方框内打上“√”）**

雾霾风险判断因素	没有影响	较少影响	不好说	较大影响	很大影响
政府公布的空气质量和环境质量指数					
对周围环境的观察与感受					
自己身体健康状况（如呼吸系统、心血管系统等）					
自己心理健康状况（如烦躁、情绪低落等）					

续表

雾霾风险判断因素	没有影响	较少影响	不好说	较大影响	很大影响
周围戴口罩的人数比例					
朋友和同事的交流与看法					
传统媒体的报道(如报纸、电视、广播等)					
网络媒体的信息(如微信、QQ、微博等)					

4. 您对政府工作与自身生活质量等如何评价？(**请在合适的方框内打上"√"**)

政府工作与自身生活质量评价	很不满意	不太满意	不好说	比较满意	非常满意
我对中央政府在治理雾霾方面的工作感到					
我对地方政府在治理雾霾方面的工作感到					
我对中央政府在空气质量信息公开化方面的工作感到					
我对地方政府在空气质量信息公开化方面的工作感到					
我对本市的空气质量感到					
我对本市的生态环境感到					
我对自身的生活质量感到					

5. 在雾霾严重时，您是否持续有下列情绪？(**请在合适的方框内打上"√"**)

情绪	没有或很少时间	小部分时间	多数时间	绝大部分或全部时间
焦虑/烦躁情绪				
压抑情绪				
恐惧情绪				
愤怒情绪				
无奈/无助情绪				
怀疑情绪（对政府作为）				

6. 您认为雾霾在以下方面的可控制程度怎样？**（请在合适的方框内打上“√”）**

雾霾可控程度	完全失控	难以控制	不清楚	部分可控	完全可控
雾霾产生的源头					
雾霾形成的过程					
雾霾影响的范围					
雾霾对人体的危害					

7. 您在雾霾严重时是否采取以下应对措施？**（请在合适的方框内打上“√”）**

采取措施	从不	偶尔	经常	总是
关注空气质量数据的更新与发布				
外出时戴防护物品（如口罩、防霾鼻罩、护目镜、帽子、纱巾等）				
在室内开空气净化器				
在室内开新风系统				
强化个人卫生（勤洗手、洗脸、洗鼻、换衣等）				
减少晨练或其他户外活动				
调整饮食结构（如多吃排毒清肺食物）				
服用与防雾霾相关的各种药品或保健品				
更多选择封闭式代步工具（如公交车、私家车、地铁等）				
计划离开本市（如外出旅游或居住等）				
劝说家人和朋友采取防护措施				

8. 您对以下抗雾霾产品/服务的购买意愿？**（请在合适的方框内打上“√”）**

产品/服务购买意愿	很不愿意	不太愿意	比较愿意	非常愿意
口罩等雾霾防护用品				
抗雾霾的个人护理用品（面膜、隔离、喷雾等）				
抗雾霾的药品和食品（维生素、钙片、雪梨等）				
空气净化器（包括车载空气净化器）				
室内健身器材				
室内吸霾植物				
罐装新鲜空气				
家庭新风系统				
雾霾险（空气质量指数达赔付标准，保险公司就赔付）				
异地旅游服务				
异地购房				

9. 在过去一年内，您以什么方式关注雾霾问题？**（请在合适的方框内打上“√”）**

关注方式	从不	偶尔	经常	总是
观看/收听/浏览有关雾霾的新闻报道				
在社交媒体上点赞/转发有关雾霾的评论				
在社交媒体上发表有关雾霾的意见和建议				
寻求新闻媒体的帮助				
向政府有关部门反映/举报/投诉				
参加有关雾霾或环境的志愿者组织				
参加有关雾霾或环境的维权行动				

10. 对于下列说法，您在多大程度上同意？(**请在合适的方框内打上“√”**)

观点	很不同意	不太同意	不好说	比较同意	非常同意
雾霾污染是经济发展中的阶段性问题					
雾霾发生下无人能幸免					
气象/地理条件是雾霾形成的主要原因					
雾霾治理是攻坚战					
雾霾治理是持久战					
雾霾治理主要是政府和企业的责任					
现阶段，就业与蓝天不能兼顾					
雾霾污染割裂了社会各阶层之间的关系					
到 2035 年，生态环境根本好转，美丽中国目标基本实现					

您的个人信息（完全保密，只用于统计研究）

您性别：① 男　② 女

您年龄段：① 20 岁以下　② 20—29 岁　③ 30—39 岁　④ 40—49 岁　⑤ 50—59 岁　⑥ 60 岁及以上

您文化程度：① 初中及以下　② 高中（中专或职高）　③ 大专　④ 本科　⑤ 硕士及以上

您职业背景：① 国家机关干部　② 企业单位人员　③ 事业单位人员　④ 进城务工者　⑤ 个体经营业者　⑥ 离退休人员　⑦ 农业劳动者　⑧ 学生　⑨ 其他（请注明）

您目前居住地：① 主城区　　② 城市郊区

您家庭年收入：① 5 万元以下　　② 5 万—10 万元

③ 10 万—20 万元　　④ 20 万—50 万元

⑤ 50 万—100 万元　　⑥ 100 万元以上

您的健康状况：① 很差　　② 较差

③ 一般　　④ 较好　　⑤ 很好

再次感谢您填写问卷!

附录2：雾霾天气下社会心态的访问提纲

一　对雾霾的认知情况

1. 您对雾霾的成分、成因、危害有多大程度的了解？

2. 您来成都市（北京市）有多久？在过去几年内，您觉得成都市（北京市）雾霾的整体发生情况是改善了还是加重了？

二　雾霾对您和您家人的影响

1. 雾霾天气下，您和您家人的身体健康是否受到影响？

2. 雾霾天气下，您和您家人的情绪是否受到影响？为什么？

三　雾霾的防治与应对措施

1. 在过去一段时间内，您了解政府在治理雾霾方面采取了哪些措施吗？这些措施是否有效？您对雾霾治理的效果是否满意？

2. 对于严重雾霾天气，您都采取了一些什么防护措施？

四　有关雾霾的价值观

有人认为“雾霾天气治理主要是政府和企业的责任”，您怎么看？

有人认为“经济发展与环境保护二者不能兼顾”（“就业与蓝天二

者不能兼顾”)，您怎么看?

有人认为“雾霾天气是经济社会发展中存在的阶段性问题”，您怎么看?

有人认为“雾霾天气是割裂社会阶层关系的又一导火索”，您怎么看?

参考文献

一　著作类

迟云：《转型时期社会心态失衡及其调适》，山东教育出版社 2013 年版。

邓玉华：《雾霾天气治理中的企业社会责任》，中华工商联合出版社 2013 年版。

风笑天：《社会研究方法》第五版，中国人民大学出版社 2018 年版。

洪大用：《社会变迁与环境问题》，首都师范大学出版社 2001 年版。

胡红生：《社会心态论》，中国社会科学出版社 2008 年版。

李杰：《核心价值观与国民社会心态的调适》，浙江大学出版社 2015 年版。

林伯强：《发达国家雾霾治理的经验与启示》，科学出版社 2015 年版。

刘金平：《公众的风险感知》，科学出版社 2010 年版。

潘小川、李国星、高婷：《危险的呼吸：PM2. 5 的健康危害和经济损失评估研究》，中国环境科学出版社 2012 年版。

彭本红、屠羽、周倩倩：《雾霾跨域治理：行为博弈、风险分析及协同机制》，科学出版社 2017 年版。

彭建：《雾霾对北京旅游业的影响研究》，中国旅游出版社 2018 年版。

彭慕兰：《大分流：欧洲、中国及现代世界经济的发展》，史建云译，江苏人民出版社 2004 年版。

任毅、东童童：《我国雾霾污染的经济成因与治理对策研究》，经济科学出版社 2018 年版。

石庆玲：《雾霾的“动员式治理”现象研究》，中国财政经济出版社 2018 年版。

谭日辉、吴祖平：《社会心态与民生建设》，中国社会科学出版社 2015 年版。

陶爱祥、仲凤云、刘苏云：《我国雾霾治理的公众参与机制研究》，经济管理出版社 2017 年版。

王俊秀、杨宜音：《中国社会心态研究报告》，社会科学文献出版社 2015 年版。

奚凯元、王佳艺、陈景秋：《撬动幸福》，中信出版社 2008 年版。

杨宜音、王俊秀等：《当代中国社会心态研究》，社会科学文献出版社 2013 年版。

周景坤：《中国雾霾防治政策研究》，中国社会科学出版社 2019 年版。

[美] 艾伦·杜宁：《多少算够——消费社会与地球的未来》，毕聿译，吉林人民出版社 1997 年版。

[英] 布雷恩·威廉·克拉普：《工业革命以来的英国环境史》，王黎译，中国环境科学出版社 2011 年版。

[美] 大卫·斯特拉德林：《烟囱与进步人士：美国的环境保护主义者、工程师和空气污染（1881—1951）》，裴广强译，社会科学文献出版社 2019 年版。

[法] 古斯塔夫·勒庞：《乌合之众：大众心理研究》，冯克利译，中央编译出版社 2014 年版。

[英] 加里·托马斯：《如何进行个案研究》，方纲译，中国人民大学出版社 2021 年版。

[美] 赖利·E. 邓拉普：《穹顶之下的战役：气候变化与社会》，洪大用等译，中国人民大学出版社 2019 年版。

[美] 罗纳德·英格尔哈特：《发达工业社会的文化转型》，张秀琴译，社会科学文献出版社 2013 年版。

[美] 罗纳德·英格尔哈特：《静悄悄的革命：变化中的西方公众的价值与政治行为方式》，叶娟丽等译，上海人民出版社 2016 年版。

[美] 罗纳德·英格尔哈特：《现代化与后现代化：43 个国家的文化经济与政治变迁》，严挺译，社会科学文献出版社 2000 年版。

[美] 奇普·雅各布斯、威廉·凯莉：《洛杉矶雾霾启示录》，曹军骥等译，上海科学技术出版社 2014 年版。

[美] 威廉·卡弗特：《雾都伦敦：现代早期城市的能源与环境》，王庆奖等译，社会科学文献出版社 2019 年版。

[加] 约翰·汉尼根：《环境社会学》（第二版），洪大用等译，中国人民大学出版社 2009 年版。

二　论文类

卜建华、孟丽雯、张宗伟：《“佛系青年”群像社会心态诊断与支持》，《中国青年研究》2018 年第 11 期。

蔡昉、都阳、王美艳：《经济发展方式转变与节能减排内在动力》，《经济研究》2008 年第 6 期。

曹彩虹、韩立岩：《雾霾带来的社会健康成本估算》，《统计研究》2015 年第 7 期。

陈蔚荻：《主流媒体对雾霾报道的议程设置研究：以〈北京日报〉〈人民日报〉（2018 年 8 月—12 月）为例》，《新闻前哨》2019 年第 5 期。

陈友华、施旖旎：《雾霾与人口迁移：对社会阶层结构影响的探讨》，《探索与争鸣》2017 年第 4 期。

代豪：《雾霾天气下公众风险认知与应对行为研究》，华东师范大学，博士学位论文，2014 年。

戴星翼：《论雾霾治理与发展转型》，《探索与争鸣》2014 年第 2 期。

邓志强：《改革开放以来中国青年社会心态的现代性嬗变》，《中国青年研究》2018 年第 4 期。

董扣艳：《丧文化现象与青年社会心态透视》，《中国青年研究》2017 年第 11 期。

方纲、李鑫诚：《“社会”公交车中的“弱势心理”及对现代公民的启示》，《中国青年社会科学》2019 年第 1 期。

傅金珍：《社会心态失衡与治理对策研究》，《中共福建省委党校学报》2011 年第 10 期。

甘乐：《2011 年中国青年的社会心态》，《当代青年研究》2012 年第 3 期。

葛天任：《中产过渡阶层的矛盾心态及其原因刍议》，《江苏社会科学》2017 年第 2 期。

顾为东：《中国雾霾特殊形成机理研究》，《宏观经济研究》2014 年第 6 期。

郝江北：《雾霾产生的原因及对策》，《宏观经济管理》2014 年第 3 期。

河南省心理学会：《新型冠状病毒肺炎疫情时期的河南省民众社会心态》，《心理研究》2020 年第 1 期。

贺泓、江桂斌：《科学理性认识我国的雾霾问题》，《求是》2014 年第 6 期。

侯丽羽：《从屌丝流行看当代青年的社会心态》，《当代青年研究》2013 年第 1 期。

姜胜洪、毕宏音：《转型期社会心态方面存在的问题、特点及对策研究》，《兰州学刊》2011 年第 10 期。

酒江伟、张敏：《雾霾影响下不同阶层市民日常消费活动与制约》，《热带地理》2016 年第 2 期。

雷玉桃、郑梦琳、孙菁靖：《新型城镇化、产业结构调整与雾霾治理：基于 112 个环保重点城市的双重视角》，《工业技术经济》2019 年第 12 期。

李春玲：《中国中产阶级的不安全感及焦虑心态》，《文化纵横》2016 年第 4 期。

李力、唐登莉、孔英、刘东君、杨园华：《FDI 对城市雾霾污染影响的空间计量研究：以珠三角地区为例》，《管理评论》2016 年第 6 期。

李立强：《京津冀都市类报纸雾霾报道研究》，河北大学，硕士学位论文，2014 年。

李升、黄造玉：《流动人口的社会心态研究：基于 2005 年与 2013 年北京两次调查数据比较》，《调研世界》2016 年第 8 期。

李师荀：《中美主流媒体对北京雾霾报道的比较研究：以〈人民日报〉和〈纽约时报〉为例》，《新闻世界》2014 年第 7 期。

李伟、王桂菊：《转型期大学生不良社会心态的表现成因与治理》，《中国青年研究》2013 年第 9 期。

李晓燕：《京津冀地区雾霾影响因素实证分析》，《生态经济》2016 年第 3 期。

李洋：《雾霾治理中的政府责任研究》，南华大学，硕士学位论文，2015 年。

李有发：《我国社会心态的变化趋向及其相关问题》，《兰州学刊》2009 年第 12 期。

林伯强、蒋竺均：《中国二氧化碳的环境库兹列茨曲线预测及影响因素分析》，《管理世界》2009 年第 4 期。

林艳、周景坤：《美国雾霾防治公共服务政策与启示》，《资源开发与市场》2016 年第 9 期。

刘晨跃、徐盈之：《城镇化如何影响雾霾污染治理——基于中介效应的实证研究》，《经济管理》2017 年第 8 期。

刘华军、雷名雨：《交通拥堵与雾霾污染的因果关系：基于收敛交叉映射技术的经验研究》，《统计研究》2019 年第 10 期。

刘建华：《从“失衡”到“怨恨”：转型时期边疆民族地区民众社会心态研究》，《云南民族大学学报》2016 年第 4 期。

刘启营：《新生代农民工社会心态及其影响因素》，《当代青年研究》2012 年第 10 期。

刘铁军、邱大庆、孙娟：《城市交通拥堵与空气污染相关度的初步研究》，《中国人口·资源与环境》2017 年第 S2 期。

刘晓红、江可申：《我国城镇化、产业结构与雾霾动态关系研究：基于省际面板数据的实证检验》，《生态经济》2016 年第 6 期。

吕小康、王丛：《空气污染对认知功能与心理健康的损害》，《心理科学进展》2017 年第 1 期。

马广海：《论社会心态：概念辨析及其操作化》，《社会科学》2008 年第 10 期。

马广海：《我国社会转型期的阶层分化与社会心态问题研究》，山东大学，硕士学位论文，2010 年。

马丽梅、张晓：《中国雾霾污染的空间效应及经济、能源结构影响》，《中国工业经济》2014 年第 4 期。

马旭龙、毛春梅、贾秀飞：《大气污染防治的多主体协同机制研究》，《环境科学与管理》2015 年第 9 期。

牛芳：《2003 年 SARS 危机对中国大众社会心理的影响研究》，2004 年第 28 届国家心理学大会论文。

潘泽泉、李超峰：《流行语与当代中国青年社会心态变迁》，《中国青年研究》2010 年第 9 期。

彭陈、李宝艳：《新时代大学生社会心态具体表现及培育路径研究》，《现代教育科学》2018 年第 3 期。

邱兆祥、刘帅：《机动车限行对北京市空气污染指数的影响》，《经济研究参考》2013 年第 11 期。

邵帅、李欣、曹建华、杨莉莉：《中国雾霾污染治理的经济政策选择：基于空间溢出效应的视角》，《经济研究》2016 年第 9 期。

时勘、范红霞、贾建民等：《我国民众对 SARS 信息的风险认知及心理行为》，《心理学报》2003 年第 4 期。

四川省企业经济促进会：《成都区域雾霾形成主要原因及治理现状调研报告》，《四川省 2017 年度政务调研成果选编》。

唐承财、刘霄泉、宋昌耀：《雾霾对区域旅游业的影响及应对策略探讨》，《地理与地理信息科学》2016 年第 5 期。

王会丽、蒲清平、朱丽萍：《当代青年社会心态的嬗变：解读 2010—2013 年网络流行语》，《中国青年研究》2014 年第 9 期。

王佳鹏：《从政治嘲讽到生活调侃：从近十年网络流行语看中国青年社会心态变迁》，《中国青年研究》2019 年第 2 期。

王建民：《从“激情”到“调整”：试论宏观社会心态的变迁》，《人文杂志》2017 年第 12 期。

王俊秀：《关注社会情绪　促进社会认同　凝聚社会共识：2012—2013 年中国社会心态研究》，《民主与科学》2013 年第 1 期。

王俊秀：《社会心态：转型社会的社会心理研究》，《社会学研究》2014 年第 1 期。

王俊秀：《社会心态的结构和指标体系》，《社会科学战线》2013 年第 2 期。

王俊秀、应小萍：《认知、情绪与行动：疫情应急响应下的社会心态》，

《探索与争鸣》2020 年第 4 期。
王俊秀：《当前值得注意的六大社会心态问题和倾向》，《中国党政干部论坛》2015 年第 5 期。
王曦、谢海波：《美国政府环境保护公众参与政策的经验及建议》，《环境保护》2014 年第 9 期。
王雪：《汶川特大地震灾区群众社会心态研究》，西南交通大学，硕士学位论文，2019 年。
魏巍贤、马喜立：《能源结构调整与雾霾治理的最优政策选择》，《中国人口·资源与环境》2015 年第 7 期。
吴蓓、陆树程：《全面从严治党新常态下领导干部负面心态矫治》，《党政论坛》2016 年第 15 期。
夏学銮：《当前中国八种不良社会心态》，《人民论坛》2011 年第 12 期。
夏玉婷：《环境事件网络舆情危机的形成与应对研究》，湘潭大学，硕士学位论文，2016 年。
相鹏、耿柳娜、周可新、程臬：《空气污染的不良效应及理论模型：环境心理学的视角》，《心理科学进展》2017 年第 4 期。
谢金林：《网络舆论社会管理新课题：培育良好的网络社会心态》，《中国青年研究》2012 年第 3 期。
谢元博、陈娟、李巍：《雾霾重污染期间北京居民对高浓度 PM2.5 持续暴露的健康风险及其损害价值评估》，《环境科学》2014 年第 1 期。
徐萍萍、马向真：《社会转型期高校教师的困惑与应对：基于江苏高校教师社会心态的调查分析》，《高教探索》2011 年第 6 期。
许传新：《新生代农民工城市生活中的社会心态》，《社会心理研究》2007 年第 1 期。
杨拓、张德辉：《英国伦敦雾霾治理经验及启示》，《当代经济管理》2014 年第 4 期。

杨宜音：《个体与宏观社会的心理关系：社会心态概念的界定》，《社会学研究》2006 年第 4 期。

应小萍：《灾难情境下的社会心态研究：生物心理社会研究思路与方法》，《哈尔滨工业大学学报》2012 年第 6 期。

于建嵘：《把握突发事件中的社会群体心理》，《思想政治工作研究》2010 年第 9 期。

袁文华：《“佛系青年”社会心态的现实表征与培育路径》，《当代青年研究》2019 年第 2 期。

张介平：《社会转型时期哪些不良社会心态亟待纾解》，《人民论坛》2017 年第 19 期。

张君、邓美杉、许婷：《公众理解空气污染 ：其源起、研究和意义》，《科普研究》2017 年第 2 期。

张萌：《〈人民日报〉（2008—2014）雾霾报道研究》，河北大学，硕士学位论文，2015 年。

郑保卫、张峡：《我国新闻媒体雾霾天气报道的经验及启示》，《新闻爱好者》2013 年第 4 期。

周晓虹：《传播的畸变：对“SARS”传言的一种社会心理学分析》，《社会学研究》2003 年第 6 期。

周晓虹：《中国人社会心态六十年变迁及发展趋势》，《河北学刊》2009 年第 5 期。

周晓虹：《中国体验：改革开放以来中国社会心态嬗变》，《中国党政干部论坛》2015 年第 5 期。

周晓虹：《转型时代的社会心态与中国体验》，《社会学研究》2014 年第 4 期。

朱力、朱志玲：《当前社会心态的特点及变化趋势》，《人民论坛》2015 年第 12 期。

朱新秤、邝翠清：《当代大学生的社会心态与观念：北京、武汉、广州三地的调查与思考》，《青年探索》2010 年第 4 期。

三　报纸类

段鹏：《为何四川盆地冬天“气质”会反复?》，《四川日报》2021 年 11 月 28 日第 2 版。

杰克·盖伊：《中国减少空气污染挽救生命》，乔恒译，《环球时报》2019 年 11 月 21 日第 6 版。

刘毅：《坚定信心，打赢蓝天保卫战》，《人民日报》2019 年 3 月 28 日第 5 版。

缪梦羽：《成都空气污染主要来源 5 大方面》，《成都日报》2017 年 11 月 23 日第 7 版。

缪梦羽：《中国工程院院士点赞成都治气科学、协同治理 PM2. 5 和臭氧双下降》，《成都日报》2019 年 1 月 8 日第 4 版。

王俊秀：《信息、信任、信心：疫情防控下社会心态的核心影响因素》，《光明日报》2020 年 2 月 7 日第 11 版。

宗华、付嵘：《空气污染危害心理》，《中国科学报》2019 年 12 月 27 日第 2 版。

四　电子文献类

中国煤炭经济研究会：《2019 年全球煤炭产量 81. 29 亿吨　中国生产消费占比均增》，http：//www. cnenergynews. cn/meitan/2020/06/22/detail_ 2020062256642. html，2020 年 6 月 22 日。

阮煜琳：《京津冀区域重污染频发根本原因公布：污染物排放超出环境容量》，http：//www. chinanews. com/gn/2020/09 – 11/9288748. shtml，2020 年 9 月 11 日。

《疫情期间，中国的空气污染下降且有死亡率改善效益》，https：//www. thepaper. cn/newsDetail_ forward_ 7578447，2020 年 5 月 28 日。

生态环境部：《中国空气质量改善报告（2013—2018 年）》，http：//www. mee. gov. cn/xxgk2018/xxgk/xxgk15/201906/t20190606_ 705778. html，2019 年 6 月 6 日。

《陶光远：治霾六年》，http：//www. igreen. org/index. php?m = content&c = index&a = show&catid = 18&id = 11762，2019 年 4 月 1 日。

中国气象局：《雾霾及其定义》，https：//www. cma. gov. cn/2011xzt/2012zhuant/20120928_ 1/2010052703/201209/t20120929_ 186552. html，2012 年 9 月 12 日。

《国务院办公厅关于在政务公开工作中进一步做好政务舆情回应的通知》（国办发〔2016〕61 号），http：//www. cac. gov. cn/2016 – 08/12/c_ 1119383016. htm，2016 年 8 月 12 日。

《国家突发环境事件应急预案》（国办函〔2014〕119 号），https：//www. gov. cn/govweb/zhuanti/2006 – 01/24/content _ 2615970. htm，2006 年 1 月 24 日。

《中国生态环境法律法规框架体系已基本形成》，http：//www. cfej. net/news/rdzz/202011/t20201109_ 806945. shtml，2020 年 11 月 9 日。

央视新闻：《北京研究 6 条城市风道吹走雾霾》，http：//m. news. cntv. cn/2014/11/21/ARTI1416556583989707. shtml，2014 年 11 月 21 日。

《中国每年空气污染死亡人数世界第一》，https：//www. sohu. com/a/58916853_ 115428，2016 年 2 月 15 日。

中华人民共和国国务院新闻办公室：《中国应对气候变化的政策与行动》白皮书（2021 年 10 月），https：//www. gov. cn/zhengce/2021 – 10/27/content_ 5646697. htm，2021 年 10 月 27 日。

《大气重污染成因与治理攻关项目主要取得六方面成果》，http：//

www. gov. cn/xinwen/2020 – 09/11/content_ 5542598. htm，2020 年 9 月 11 日。

五 外文类

Aberth J. , *An Environm Ental History of the Middle Ages*: *The Crucible of Nature*, London: Routledge, 2012.

B. W. Clapp, *An Environm Ental Histroy of Britain Since the Industrial Revolution*, Longman Publishing Group, 1994.

Evans, G. W. , Campbell, J. M. , "Psychological Perspectives on Air Pollution and Health", *Basic & Applied Social Psychology*, Vol. 4, No. 2, 1983.

Gao Guorong, *American Environmental History*: *A Historiography*, China Social Sciences Press, 2014.

Grossman G. M. and Krueger A. B. , "Environmental Impacts of a North American Free Trade Agreement", in Garber P. M. (ed.), *The US – Mexico Free Trade Agreement*, Cambridge MA: MIT Press, 1993.

Jaequeline Switzer, Green Backlash, *The History and Politics of Environmental Opposition in the U S*, Boulder: Lynne Rienner Publishers, Inc, 1997.

Koger S. M. , Winter D. D. , *The Psychology of Environmental Problems*: *Psychology for Sustainability*, New York: Psychology Press, 2011.

Liu Xiangyang, *A Competition for Clean Air*: *The Air Pollution Regulation of the United States in the 20th Century from the Perspective of Environmental – Political History*, China Environmental Science Press, 2014.

Marc K. Landy, *The Environm Ental Protection Agency*: *Asking the Wrong Questions*, New York: Oxford University Press, 1990.

Michelle L. Bell, Devra L. Davis, Tony Fletcher, "A Retrospective Assessment of Mortality from the London Smog Episode of 1952: The Role of Influenza and Pollution", *Environmental Health Perspectives*, Vol. 112, No. 1, 2004.

Philip Lowe, Stephen Ward, *British Environm Ental Policy and Europe: Politics and Policy in Transition*, Routledge, 1998.

Riki Thefivel, "System of Environmental Assessment", *Environmental Impact Assessment Review*, No. 3, 1998.

Robert Glicksman, *Environmental Protection: Law and Policy*, Tx: Wolters Kluwer, Law & Business, 2007.

Siqi Zheng, Jianghao Wang, Cong Sun, et al., "Air Pollution Lowers Chinese Urbanites' Expressed Happiness on Social Media", *Nature Human Behaviour*, Vol. 3, 2019.

Stead Dominic, "Environmental Resources and Energy in the United Kingdom: The Potential Role of a National Spatial Planning Framework", *Town Planning Review*, Vol. 70, No. 3, 1999.

Stephen Mosley, *The Chimney of the World : A Histroy of Smoke Pollution in Victorian and Edwardian Manchester*, Cambridge: White Horse Press, 2001.

Yang T., Wang J., Huang J., et al., "Long - Term Exposure to Multiple Ambient Air Pollutants and Association with Incident Depression and Anxiety", *JAMA Psychiatry*, Vol. 80, No. 4, 2023.